みんなの熱科学

10分でわかる熱とエネルギーの話

圓山 翠陵

東北大学出版会

Thermal Science for Everyone
―Understanding Heat and Energy in 10 Minutes―
Suiryo Maruyama
Tohoku University Press, Sendai
ISBN978-4-86163-272-3

まえがき

　熱に関わる現象は、身の回りにたくさんあります。でも「熱」って何だろうと考えると、「ハテ？」となってしまいます。たき火で暖まったり、食品を加熱したり、熱を感じることはできます。しかし、実在の物体として熱を見ることはできません。一方で、エネルギー問題や地球環境問題など、熱は私たちの将来を左右する重要問題と密接に関係します。2011年の東日本大震災で起きた福島第一原子力発電所の事故も、原子炉の熱現象なのです。

　熱はとらえどころがなく何となくわかりにくく思われますが、本質を押さえれば有用なものとして使いこなすことができます。本書には、熱とエネルギーに関する重要な視点と、熱を操るための勘所が、ちりばめられています。熱とエネルギーに対する正しい知識を持っていただき、それを日常生活や将来の社会形成に、役立てていただけると有り難いと考えています。

　熱科学を専門としない一般の読者が理解できるように、本文はなるべくやさしく記述し、数式は全く用いていません。本文を読まなくても、写真や図の説明を読んだだけで、ある程度内容がわかるように努めました。エネルギーの専門家など熱科学に興味のある読者には、参考文献を示し、さらに理解が深まるように配慮しています。これらの話題の多くは、10分程度で読み切りできる長さにして、ちょっとした空き時間にも読むことができるようにしました。

　それではみなさん、熱科学の世界を楽しんでください。

［目　次］

まえがき

ベクトル1　みんなの熱科学 ……………………………… 1
- 1.1　サウナで火傷をしないわけ ………………………… 2
  - 熱湯では大火傷するのに、サウナでしないのはなぜ？
- 1.2　ペットボトルの雲 …………………………………… 4
  - 栓を開けると断熱膨張
- 1.3　「ハー」と吹くと暖かく、
  - 「フー」と吹くと冷たく感じるのはなぜ？ ………… 6
- 1.4　エネルギーは永久に不滅です ……………………… 8
  - でも節約しなければいけないのはなぜ？
- 1.5　暖めるエネルギー …………………………………… 10
  - 熱を他の形に変えたらどうなるの？
- 1.6　エアコンと電気ヒータどちらがお得？ …………… 12
  - 暖房するのにどっちが電気代を節約できるか
- 1.7　鉄腕アトムの十万馬力とエネルギー ……………… 14
  - パワーとエネルギーはどこが違うの？
- 1.8　世界水準では日本のガソリンは安い!? …………… 16
  - エネルギーの値段
- 1.9　厚いステーキを焼くときには ……………………… 18
  - 招いた友人と気まずい思いをしないために
- 1.10　温泉卵と半熟卵はどこが違うの？ ………………… 20
  - 料理は熱科学の宝庫です
- 1.11　先端技術を支えるミクロな熱移動 ………………… 22
  - レーザーディスクとインクジェットプリンター

ベクトル2　地球環境問題の熱科学 ………………………… 25

2.1　遠赤外線と地球温暖化 ………………………… 26
　　　地球の温度は光エネルギーのバランスで決まる

2.2　不都合な真実、信じたくない事実 ………………………… 28
　　　地球温暖化は止められないかもしれない

2.3　「信じたくない事実」の向こうにあるもの ………………………… 30
　　　IPCC第5次評価作業部会報告

2.4　環境のリバース・トリレンマ ………………………… 32
　　　環境破壊因子に課税、省エネに投資

2.5　不便にするエコロジー ………………………… 34
　　　便利でなくとも、ゆとりのある省エネ社会へ

2.6　情報の時間・エネルギーの時間 ………………………… 36
　　　発電所は古くなっても3年で買い替えるわけにはいかない

2.7　地熱発電は再生可能エネルギーの優等生 ………………………… 38
　　　日本の地熱資源は原発約20基分

2.8　二酸化炭素を排出する燃料電池 ………………………… 40
　　　水素はどこから来るの？

2.9　砂糖で二酸化炭素の漏れを防ぐ ………………………… 42
　　　二酸化炭素回収・貯留（CCS）に向けた新たな試み

2.10　空の重さ海の重さ ………………………… 44
　　　富士山のくぼみで千百年分の二酸化炭素を溜められる

2.11　災害に役立つ環境エコ技術 ………………………… 46
　　　東日本大震災の体験

2.12　海洋深層水で海を耕す ………………………… 48
　　　海の森を創るラピュタプロジェクト

2.13　海洋メタンハイドレートが日本を救う?! ………………………… 50
　　　二酸化炭素をほとんど発生しない海上発電

2.14　ナノ粒子で地球を冷やす ………………………… 52
　　　地球温暖化防止の究極手段

ベクトル3　福島第一原子力発電所事故と科学・技術　　55

3.1　本当は危ない「絶対安全」　　56
安全神話に潜む本当の危険

3.2　巨大技術の脆弱性　　58
不完全な技術を制御して快適な生活

3.3　安全と安心は同じだろうか？　　60
情報があれば危険も安心

3.4　空気を読む日本人　　62
あまり読み過ぎると大事故の原因

3.5　原子炉の汚染水拡散を止める方法　　64
汚いものは元から断たなきゃダメ

3.6　津波や活断層より怖い戦争とテロ　　66
福島原発事故は運転員がいたので止まった

ベクトル4　サイエンス・アラカルト　　69

4.1　機械が「ひと」になるとき　　70
コンピュータが人格を持つ時代へ

4.2　口笛とロケットノズル　　72
音より早い流れの不思議

4.3　ジェットの力　　74
ロケットは物を投げて宇宙に行く

4.4　意外に近い宇宙の入り口　　76
新幹線でたったの26分

4.5　地上で作る小さな宇宙　　78
微小重力環境は現象のびっくり箱

4.6　温故知新の最先端技術　　80
複葉超音速機への挑戦

4.7　濃度百万分の1（ppm）の話　　82
ほんのわずかな量に見えますが

- 4.8 ジェットエンジンの効率 ······················· 84
  - 日本経済の復興に向けて
- 4.9 圓と東アジア経済圏 ························ 86
  - 文化と経済のネットワーク
- 4.10 日本の最新トイレと文化輸出 ················ 88
  - 技術とサービスの世界発信
- 4.11 高級ブランド品 ·························· 90
  - 値段が高いのに売れる理由
- 4.12 日本の科学技術競争力 ····················· 92
  - 20年後も維持できるだろうか

ベクトル5　熱科学の歴史こぼれ話 ················· 93
- 5.1 熱科学にも貢献したニュートン ················ 94
  - ニュートンの隠れた法則
- 5.2 熱をすべて電気に変えられるだろうか？ ·········· 100
  - 貴公子サディ・カルノーの先見
- 5.3 日本で最初のジェットエンジン「ネ20」 ·········· 104
  - 「ネ20」（ねのふたまる）誕生秘話
- 5.4 1970年代のイカロスたち ···················· 110
  - 「鳥人間コンテスト」はるか以前の挑戦
- 5.5 創始者が残したもの ······················· 116
  - その伝統と呪縛

ベクトル6　未来の科学を担う人材育成 ··············· 119
- 6.1 お袋の味と才能育成 ······················· 120
  - 子供の感動が将来を方向づける
- 6.2 ペットボトルロケットは先端科学技術への入り口 ······ 122
  - ものづくり教育による地域貢献
- 6.3 学生のグローバル化 ······················· 126
  - 機会を与えれば学生は伸びる

6.4	2020年の技術者教育像	………………………………	128
	日米での人材育成は基本的に同じ		
6.5	大学の国際化と国際競争	………………………………	130
	親睦から生き残りのための交流へ		
6.6	グローバルCOEが大学を変えている	………………………	132
	大学間の競争に拍車		
6.7	ありがとうございました	……………………………	134

あとがき	………………………………………………………	137
著者紹介	………………………………………………………	139

ベクトル───1
みんなの熱科学

1.1 サウナで火傷をしないわけ
熱湯では大火傷するのに、サウナではしないのはなぜ？

　温泉やジムでサウナ風呂に入り、その温度計を見ると摂氏100度（100℃）近くを示している場合があります。沸騰した100℃のお湯に入れば大火傷で死んでしまいますが、サウナで火傷を負うことはありません。なぜでしょうか。

　皆さんがサウナに入った直後、皆さんの肌は100℃の空気にさらされます。しかし、空気の熱の伝わり方が著しく遅いことと、空気は肌に比べて冷えやすいために、肌に接した空気は、体温とそれほど変わらない温度になります［1］。さらに、サウナに長く入っていると、汗の蒸発で皮膚近くの空気の温度がさらに下がります。一方、お湯は空気に比べて熱を伝えやすいので、沸騰したお湯に入ると、皮膚の表面温度は火傷をする温度になりますから、大火傷を負うことになります。

　寒い部屋で、コンクリートの床の上をはだしで歩くと冷たいですが、同じ温度の部屋でも、絨毯の上は暖かく感じるのも同じ原理です。つまり、コンクリートは熱を伝えやすいので、足の裏の温度がコンクリート

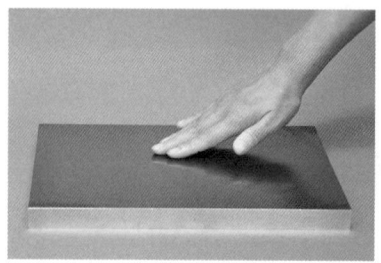 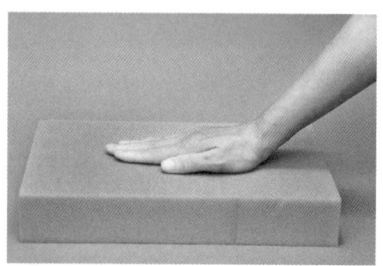

冷えた金属板に触れたとき（左）と断熱材に触れたとき（右）
どちらが冷たく感じるでしょうか。
同じ温度のアルミニウム金属板とポリウレタン断熱材にさわったときを考えましょう。金属板と皮膚の接触面は、金属板に近い温度となり冷たく感じます。一方、熱伝達率と熱容量の小さい断熱材は、さわった瞬間に皮膚に近い温度となるために暖かく感じます。冷たい部屋にある濡れた服は冷たく感じますが、乾いた服は暖かく感じることも同じ原理です。

の温度と同じぐらいになります。一方、絨毯は繊維の間に空気が含まれていて熱を伝えにくく、皮膚と接した部分が暖まりやすいために、体温に近い温度になって暖かく感じるのです。

　山形県の蔵王山頂のような寒いスキー場で、アルミのストックや鉄製の手すりに素手でさわると冷たいですが、断熱材が敷いてあるリフトの椅子はそれほど冷たく感じません。

　発泡スチロールなどの断熱材は、プラスチックの中にガスを閉じこめ、熱の伝わり方を小さくしたものです。衣服や布団も空気を使って断熱を行っています。私たちは空気を上手く使って保温をしているのです。

(2003.11.24　河北新報　プリズム掲載)

参考文献
[1] 日本機械学会, JSMEテキストシリーズ『伝熱工学』, 丸善, pp. 42-43, (2004).

1.2 ペットボトルの雲
栓を開けると断熱膨張

　皆さんは、冷蔵庫からペットボトルの炭酸飲料を取り出して飲む機会も多いことでしょう。炭酸飲料の入ったペットボトルを冷蔵庫から取り出して、栓を「プシュー」と開けた瞬間を注意深く観察すると、ペットボトルの上部が一瞬白くなることがあります。これは、ペットボトルの中に雲ができているのです。

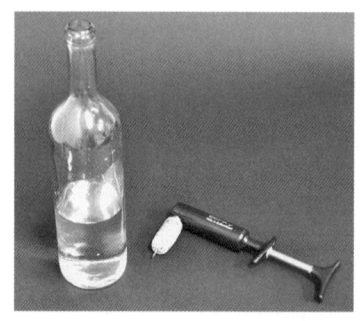
水を入れたワインボトルと空気入れ（a）

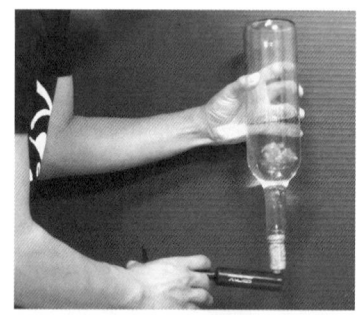
ボトルを逆さにして空気を入れる（b）

コルク栓を抜いた瞬間（c）

ビンの中が白くなる（d）

ワインボトルの中に雲を作る実験
ワインボトルに水を入れて、空気を注入し、圧力を高くします（b）。その後、ボトルのコルク栓を外します。すると、内部の湿った空気が放出され断熱膨張するために温度が下がり、空気中の水分が細かい水滴となって雲になります。写真（c）、（d）は、雲が出来る様子を高速度カメラで撮影したものです。この実験は、筆者が大学で講義している「熱力学」で実演しています。

栓を開ける前の炭酸飲料のペットボトルは、炭酸ガスを溶かし込むために圧力が高くなっています。栓を開けることによって、ボトル内部の気体が瞬間的に減圧し「断熱膨張」という作用［1］で、ボトル上部にたまっている炭酸ガスの温度が急速に低下します。炭酸飲料の場合、減圧直後には温度が摂氏40度（40℃）程度低下します。この温度低下によって、ガス中に含まれている水蒸気が霧となって白く見えるのです。

　この現象は、自然界でも見ることができます。地上付近で暖められた湿った空気が上昇すると、上空は気圧が低いために断熱膨張して温度が下がります。このとき、空気中に含まれている水蒸気が、水の粒となって雲ができます。雲ができるとき、水蒸気が水になり熱を出します。これは、水が蒸発するときに熱を奪うことと、逆の現象です。雲ができた空気は、この熱によって周りの空気より若干温度が高くなりますから、さらに上昇しもっと雲ができるのです。この現象が激しいと積乱雲となり、雷や集中豪雨になります。

　湿った空気が暖かい海上で作られると、同様な作用で台風が発生します。台風は、温度の高い海から水蒸気という形でエネルギーをもらって発達します。最近、海水温が上昇して強い台風が多くなったようです。一方、台風が上陸して水蒸気の補給が無くなると、急に力が衰えます。これは、沖縄や九州では強力な台風が、仙台に到達する頃に比較的弱くなる原因の一つと考えられます。

（2003.12.8　河北新報　プリズム掲載）

参考文献
［1］日本機械学会, JSMEテキストシリーズ『熱力学』, 丸善, pp. 36-37, (2002).

1.3 「ハー」と吹くと暖かく、「フー」と吹くと冷たく感じるのはなぜ？

　寒い日に手を口に近づけて「ハー」と息を吹くと暖かく感じます。しかし、口をすぼめて「フー」と息を手に吹くと冷たく感じます。なぜでしょうか。

　「ハー」と吹くとき、皆さんは口を大きく開けて手を近づけた状態で息を吹きます。このとき、体の中の暖かい空気が手のひらに直接当たるので、暖かく感じます。口を大きく開けて息を出すときに、その息は外の空気と混ざらないで直接手のひらに当たるのです。

　一方、口をすぼめて「フー」と息を吹くと高速の息の流れが外の空気を巻き込みます。息を吹きかけた手には、巻き込まれた空気のために、外気とほとんど同じ温度の空気が当たります。

　ここで新たな疑問が生じます。「フー」と吹いたとき、周囲と同じ温度の空気が当たるのに、なぜ冷たく感じるのでしょうか。

ハーと吹いたときとフーと吹いたときの空気の流れ

　「ハー」と吹いたときは、口を大きく開けて近づけた手のひらに息を吹きかけるので、体内の高温の空気が直接当たり、暖かく感じます。一方、口をすぼめて「フー」と吹くと、高速の空気流が周りの空気を巻き込み、手に当たるときの空気温度は周囲とほぼ同じ温度になります。

6

私たちの体の周りには空気がありますが、体の表面の空気は体温と同じで、その周りに体温から周囲温度まで温度が変化する空気の層が存在します。これを、少し難しい言葉で「境界層」と言います。この薄い境界層が周囲の空気と人体の間に存在し、いわば布団のような役目をして、人体を保温しています。高速の空気流を体に当てると、境界層が吹き飛ばされて、さらに薄くなります。そのため、熱の伝わり方が活発となり、冷たく感じるのです。夏の暑い日に、扇風機やウチワで風を当てると涼しく感じるのも、境界層が薄くなって熱を取り去ってくれるからです。

ただし、外気が体温より高温の時、扇風機は逆効果です。冷えたビールに風を当てると、すぐに暖かくなってしまいます。砂漠で日中人々が厚手の服を着ているのも、外気の高温から体を守っているのです。温泉の熱いお湯の中で動かないでいると、何とか我慢できますが、他の人が入ってお湯をかき混ぜたとたんに熱くなるのも、同じ原理です。せっかくできた境界層が、お湯の動きで乱され、お湯の熱が体に伝わりやすくなるからです。

参考文献

[1] 日本機械学会, JSMEテキストシリーズ『伝熱工学』, 丸善, pp. 8-10, (2004).

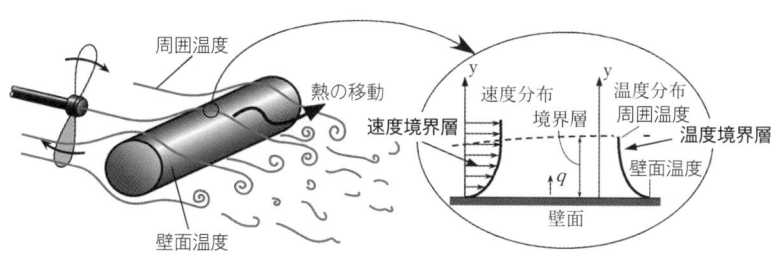

温度境界層と速度境界層 [1]
物体の周りには、温度と速度が変わる境界層という薄い層があります。物体周りの流れが変わると、境界層が薄くなり、より熱を伝えやすくなります。

1.4 エネルギーは永久に不滅です でも節約しなければいけないのはなぜ？

　自動車や洗濯機などの機械を動かすためにはエネルギーが必要です。エネルギーは、仕事をしたり、ものを加熱したり、いろいろな形に変化します。でも、エネルギーの合計量は変化しないのです。1974年10月に長嶋茂雄氏が引退時に言った「巨人軍は永久に不滅」ではないかもしれませんが、「エネルギーは永久に不滅」なのです(脚注1)。

　エネルギーが不滅なら、どんなに使っても良いはずです。でも、私たちは、限りあるエネルギー資源を大切に使おうとしています。自動車の

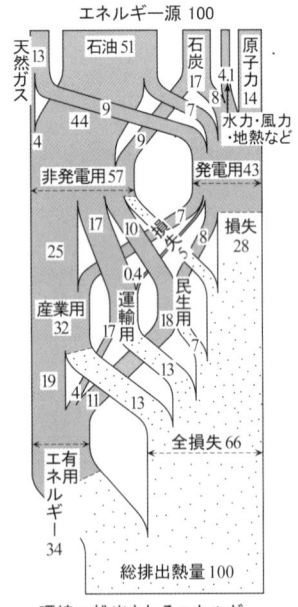

日本のエネルギー供給・消費のフローチャート [1]
(1998年度の消費エネルギー 2.2×10^{19} ジュールを100としたときの収支)
燃料などの一次エネルギーは、電気や動力などいろいろな形に変わります。最終的には最初と同じ量のエネルギーが、低温の排熱として環境に放出されます。その過程で、一部のエネルギーが有用なエネルギーとして利用されます。

エンジンを動かすとき、高温の燃焼ガスを使って仕事をして、そのエネルギーは低温の排熱として環境に捨てられるのです。いったん低温のエネルギーとして環境に捨てられたエネルギーを、再び拾い上げてエンジンを動かすことはできません。(本書「5.2 熱をすべて電気に変えることができるだろうか？」参照)

エネルギーには、高級なものと低級なものがあるのです。つまり、電気や燃料のエネルギーは、高級で効率よく仕事ができます。一方、海水中にある膨大な低温の熱エネルギーは低級なので、これを汲み上げて、電気を作ることはできません。

私たちがエネルギーを生活や産業に使うときは、電気や燃料などの高級なエネルギーを上手に使うことが大切です。近い将来、家庭用の燃料電池が普及し、ガスのエネルギーを使って電気を起こし、排熱でお湯を沸かすことができれば、ガスのエネルギーを有効に使うことができます(脚注2)。小さなジェットエンジンで電気を起こし、排気ガスの熱でお湯を作るエネルギーの複合利用は、大きな施設ではすでに始められています。

日本では、1年間に東京ドーム500杯分の石油に相当するエネルギーを消費しています(脚注3)。私たちが快適な生活を送りながら、化石燃料などのエネルギー源をどうやって有効に使っていくかが、これからの課題です。筆者が研究している熱工学の目的の一つは、限りある高級なエネルギー資源をどうやって有効に使っていくかを研究するものです。

(2003.9.29　河北新報　プリズム掲載)

参考文献
[1] 日本機械学会, JSMEテキストシリーズ『熱力学』, 丸善, p. 1, (2002).

(脚注1) 核エネルギー反応や宇宙の創生期のように、高エネルギー分野では、物質とエネルギーが相互作用を及ぼします。
(脚注2) これは、2015年現在、「エネファーム」として実用化されています。
(脚注3) この数値は2003年の値です。現在は省エネ化が進み、エネルギー消費量が1割ほど減っています。

1.5 暖めるエネルギー
熱を他の形に変えたらどうなるの？

　エネルギーの総量は変化しません（本書「1.4 エネルギーは永久に不滅です」参照）。しかし、エネルギーは、いろいろな形に変わって私たちの役に立っています。燃料を燃やして作る熱エネルギーは、自動車や飛行機のエンジンで動力（パワー）となり、乗客を高速で輸送します。また、火力発電所などで熱エネルギーを電気に変換することができます。その電力を使うと、エレベータで人や荷物を高いところに移動することもできるのです。電力は、コンピュータや家電製品にも必要なエネルギーを供給しています。

　熱エネルギーは、どのくらいの量でしょうか。いま、図に示すように、バケツに入った 10 リットルの水を、15°C から 20°C に温めるエネルギーを考えます。この熱エネルギーは、0.058 キロワットアワー (kWh) で、電力料金では 1.5 円になります[脚注1]。

　この水を 5°C 上昇させるための熱エネルギーを他の形に変えたらどうなるのでしょうか。

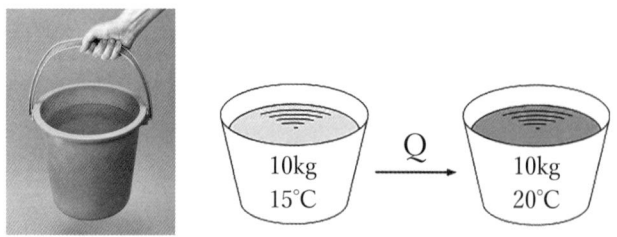

バケツに入った 15°C の水の温度を 5°C 上昇させるためのエネルギー　Q
このエネルギーは 0.058 キロワットアワーで電力料金では 1.5 円になります。ただし、加熱中の熱損失やバケツの熱容量を考慮しない理想的な場合です。

10

この水を温めるエネルギー（0.058キロワットアワー）を、すべて物体の加速に使うことができれば、10kgの水が入ったバケツは時速740キロメートルで飛ぶことができます(脚注2)。この速度は小型ビジネスジェットの飛行速度とほぼ同じです。

10リットルの水が入ったバケツを持ち上げるとき、同じエネルギーでどのくらいの高さまで上げることができるのでしょうか。抵抗や摩擦がない理想状態で、持ち上げることのできる高さは2,100mで、標高3,800mの富士山の中腹まで水を運ぶことができます(脚注3)。

このように、水温を5℃上げるだけのエネルギーを他の形に変えるといろいろなことができることがわかります。お風呂は、水を25℃以上に温度を上げますから、加熱には膨大なエネルギーが必要だということも実感できます。

参考文献
[1] 日本機械学会, JSMEテキストシリーズ『熱力学』, 丸善, pp. 19-23, (2002).

(脚注1) 1キロワットアワーの電気料金を25円としています。
(脚注2) エネルギーを100%運動のエネルギーに変換し、空気の抵抗を無視した場合です。
(脚注3) この試算では持ち上げるときの摩擦や、バケツの重さや水を運ぶための効率は考慮していません。

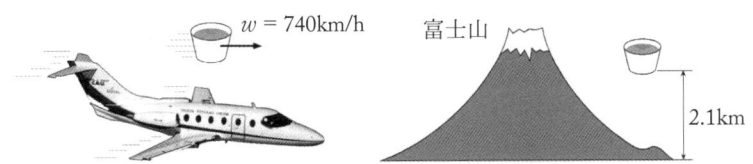

水の温度を5℃上げるエネルギーを運動エネルギー（速度のエネルギー）と持ち上げるエネルギー（高さのエネルギー）に変換した場合 [1]

水温を5℃上げるだけのエネルギーで、理想的にはジェット機の飛行速度の時速750キロメートルまで加速できます。また、同じエネルギーで、富士山の中腹まで水を持ち上げることができます。

1.6 エアコンと電気ヒータどちらがお得？
暖房するのにどっちが電気代を節約できるか

　最近、エアコンで冷暖房をする家庭が増えてきました。エアコンで暖房する場合と電気ヒータで暖房する場合は、どちらが電気代を節約できるでしょうか。実は、エアコンの方が電気代を節約できるのです。

　エネルギーの総量は変化しないというお話をしたので（「1.3 エネルギーは永久に不滅です」参照）、電気ヒータで暖房してもエアコンで暖房しても電気代は同じだと思われる方も多いと思います。皆さんが使っているエアコンはヒートポンプといい、低温熱源（冬では室外の空気）から熱を汲みあげる機械です。例えば1キロワット（kW）の電力を使って電気ヒー

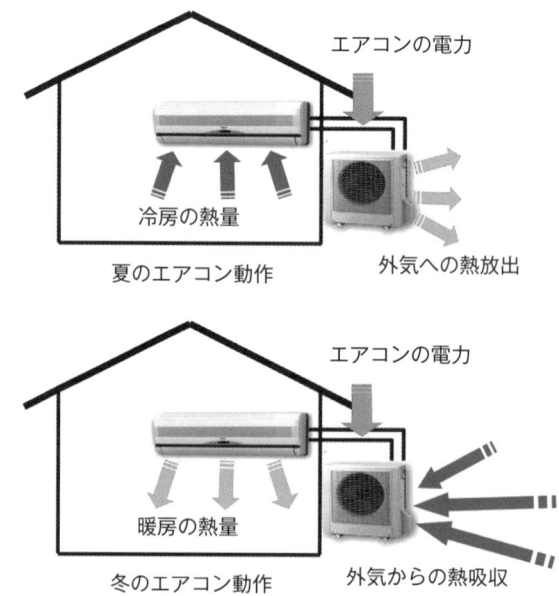

冬と夏のエアコンの動作 [1]
エアコンは、冬は外気から熱を汲みあげて暖房し、夏は室内から熱を取り冷房しその熱を外気に捨てるヒートポンプという役割をしています。そのため、電気ヒータより効率よく暖房することが可能です。

タを動かすと 1 キロワットの暖房しかできませんが、エアコンでは 4 キロワット程度の暖房が可能です。最近の高性能エアコンでは 6 キロワットぐらいの暖房ができるものも開発されています^(脚注)。ですから、エアコン暖房の電気代は電気ヒータのわずか 6 分の 1 で済むのです。

　火力発電所で電気を作るとき、燃料のエネルギーの半分ぐらいしか電気に変換することができません。あとの残りは、排熱として環境に捨てています。電気は、値段の高いエネルギーですが、モータを動かしたり、コンピュータを動かしたりいろいろな使い方ができます。ですから、電気ヒータで空気を 30℃ ぐらいに暖めるだけでは、もったいない電気の使い方なのかもしれません。

　エアコンのカタログに、COP（シーオーピー）または成績係数として載っている数字は、投入電力の平均何倍分だけ冷房もしくは暖房能力があるかを示しています。外気温と室内の温度差が小さいほど高い成績係数（つまり高性能）で、ヒートポンプを使うことができます。さらに、外気温と室内の温度差が小さいほど加熱・冷却熱量が少なくて済みます。夏季の設定温度を上げたり、冬季の暖房温度を下げたりして、室内と外気との温度差を小さくすることは、ヒートポンプの効率を上げ、かつ熱の移動量を少なくするので、電気代を二重に節約できることになるのです。

（2003.10.6　河北新報　プリズム掲載）

参考文献

［1］日本機械学会, JSME テキストシリーズ『熱力学』, 丸善, p. 165, (2002).

（脚注）現在では、COP が 6 以上のエアコンが普通に販売されています。

1.7 鉄腕アトムの十万馬力とエネルギー
パワーとエネルギーはどこが違うの？

　1960年代に子供たちのヒーローだった鉄腕アトムの誕生日は、2003年4月6日でした。人間型ロボットのアシモやペットロボットのアイボなどが開発され、アトムと同じロボットが生まれるのも、もうすぐかもしれません。ロボットヒーローのアトムは十万馬力のパワーを持っています。ここでは、パワーとそれを生み出すエネルギーについて、考えてみましょう。

　1馬力は、馬1頭のパワーとしてイギリスの技術者ワットが考えた、一定時間に仕事をする割合の単位です。100ワットの電球など、ワットは皆さんにもなじみのある名前です。

　ヒトが一生懸命運動しても、そのパワーは0.1馬力から0.3馬力です。アトムは、人口約百万人の仙台に住んでいるヒトが全員一斉に運動したぐらいのパワーを持っていることになります。

ボーイング777に取り付けられているジェットエンジン
（2014.3 シアトルのボーイング工場にて撮影　東北大学　岡部朋永教授提供）
この巨大なエンジンはアトムとほぼ同じ約11万馬力（離陸時）を発生します。

ベクトル1　みんなの熱科学

　皆さんが運動したり仕事をしたりすると、おなかが減ります。運動をするためには、食事を通してエネルギーを補給する必要があります。自動車も飛行機も、パワーを出して仕事をするときには、燃料という形でエネルギー源が必要です。

　アトムが、十万馬力のパワーを1日中出し続けると、そのエネルギーは、家庭用お風呂800杯分ぐらいの石油になります。アトムの小さな体にそんなに大量の石油を入れることはできません。ですから、アトムのエネルギー源はこれからの課題となるでしょう。

　自動車のエンジンは100馬力ぐらいです。自動車に乗ると、ヒト千人分ぐらいのパワーを使っていることになります。ヒトが消費するエネルギーは少ないのですが、私たちが快適に生活するためには、膨大なエネルギーを消費しています。これが、地球温暖化の原因の一つとなっています。私たちは、エネルギーを有効に使いながら地球環境と調和するためには、もっとエネルギーについて知る必要があります。

(2003.9.22　河北新報　プリズム掲載)

2012年鳥人間コンテストで優勝した、東北大学ウインドノーツの人力飛行機
(2012.6撮影　東北大学大林茂教授提供)
ヒトが連続的に出せるパワーは、0.3馬力程度です。飛行機を省エネで作れば、ヒトのパワーでも飛ぶことが可能です。写真の人力飛行機は0.28馬力(213ワット)で飛べますが、パイロットはそのパワーを1時間以上継続することが必要です。

15

1.8 世界水準では日本のガソリンは安い！？
エネルギーの値段

　2007年は原油高騰で、ガソリンの値段がうなぎ登りでした。原油高に加え、60円近いガソリン税や消費税も払っているので、ガソリン1リットル当たりの値段は150円を超える場合もありました^(脚注)。しかし、この値段は、本当に高いのでしょうか。

　石油やガソリン1リットルは、ほぼ10キロワットアワー（kWh）のエネルギーに等しいのです。電気料金が1キロワットアワー当たり22円程度とすると、このエネルギーは電気で220円となります。地域や時期によって異なりますが、同じ熱量の木炭では120円、備長炭で660円、ピクニック用の薪では290円もします。ガソリンの値段は、1リットル当たりの値段が150円でも、500ccペットボトル入りミネラルウオーター2本より、安いのです。

電気1キロワットアワーと同じ熱量の灯油
写真に示す灯油約100ミリリットル（80g）が電力の1キロワットアワーのエネルギーに相当します。ガソリン100ミリリットルや都市ガス0.08立方メートルも、ほぼ同じ熱量を発生します。

ドイツの対外技術協力団が発表した報告書「2007国際燃料価格」[1]によると、日本のガソリン価格は171カ国中70番目で、トルコ、ノルウェーの値段の6割、韓国に比べても3分の2です。日本のガソリン価格は、世界水準では決して高くないのです。

もし、ガソリン価格を韓国並みに引き上げて、その税金をバスや路面電車（トラム）などの省エネ型公共交通網に戦略的に投資して、極端に安い運賃とすれば、不必要な乗用車の利用が激減するでしょう。さらに、省エネ技術革新が経済的に成り立つため、省エネ車の普及が自然に拡大するのではないでしょうか。

このような取り組みは、ヨーロッパでは進められていますが、実は日本がかなり以前に実践していたことなのです。

1980年代は、アメリカやヨーロッパのガソリンが、日本に比べて安価でした。日本は、ガソリン価格がアメリカの約4倍と高かったため、小さくて燃費の良い自動車を作っていました。これが、日本の自動車が世界で競争力を持った原点とも考えられます。日本では、自家用車での移動は高価だったので、地下鉄や鉄道などもアメリカに比べて発達しました。これも省エネに貢献しています。

1988年に、アメリカの高名な熱工学研究者であるジェームス・ハートネット先生を訪問しました。そのとき、先生が進めていた車の省エネルギーについて政策提言の説明をしていただきました。そのとき、不遜にも「ガソリンの値段を日本並みに高くしたら車の省エネは自然と進みますよ」と申し上げたとき、先生が絶句したのを、今でも覚えています。

（2007.12.25　日経産業新聞　テクノオンライン掲載）

参考文献

[1] German Technical Cooperation, International Fuel Prices 2007, 5th Edition- More than 170 Countries, (2007).

（脚注）これらエネルギーの値段は、執筆当時の2007年のものです。

1.9 厚いステーキを焼くときには
招いた友人と気まずい思いをしないために

　友人やお客様を自宅に招いて食事をするとき、少しリッチに、ビーフステーキでも食べたいところです。いつも家庭で食べている焼き肉を奮発して、2倍の厚さのステーキを焼くときには、どのくらいの時間で焼いたら良いのでしょうか。2倍厚い肉ですから、普段の2倍の時間焼くと良いと思われます。でも、その時間では、肉の中まで火が通っていない場合が多いようです。

　2倍の厚さの肉を中まで加熱するには、約4倍の時間で焼く必要があります(脚注)。これは、フーリエの法則 [1] と呼ばれる熱の伝わり方と、その時間的変化を調べることで、明らかになります。調理をするときは、肉の厚さが2倍になると4倍、4倍の厚さの肉の塊では実に16倍の調理時間が必要になります。これは大まかな目安で、肉を焼く条件や肉質によっても調理時間は異なります。

　なれないステーキを調理するとき、厚い肉なので少し長めに調理しても中心部は生焼けの時があります。慌てて電子レンジで加熱すると、今度は焼きすぎて肉が硬くなってしまいます。この失敗を、友人やお客様

鋳鉄のフライパンによるステーキの調理と、サーモビュアーによる赤外線画像（2015.7 撮影）
私たちの実験によると、厚さ 4.5mm の肉（焼き上がりの厚さ）は 50 秒で調理できましたが、8mm の肉では 160 秒（3.2 倍）の調理時間が必要でした。理論上の調理時間とほぼ一致しました。

を招いた食事会でやってしまうと、お互い気まずい思いをすることになります。

　厚い肉とは逆に、しゃぶしゃぶのように薄い肉は数秒で火が通ります。まさに「シャブ・シャブ」でOKです。皆さんが料理をするときに、肉や野菜を細かく刻みます。これは、短時間で加熱したり、ダシなどが染み込むようにしているのです。料理は、熱や調味料が野菜や肉に伝わる時間を制御して、おいしい食べ物を作ることであるとも言えます。

　石炭は、大きな塊ではなかなか火がつきません。石炭を燃料とする火力発電所では、石炭を細かい粉にして瞬間的に燃焼させています。

　ハリウッドの映画で、極低温の液体窒素を浴びた人間やロボットが、瞬時に凍りつきバラバラになるシーンがあります。焼き肉の原理を適用すると、人間は焼き肉の何倍も大きいですから、中心部まで凍るのには相当な時間がかかります。人間のからだ全体が瞬時に凍結してバラバラになることは、実際では起こりにくい現象であることがわかります。

（2003.12.1　河北新報　プリズム掲載）

参考文献

［1］日本機械学会, JSMEテキストシリーズ『伝熱工学』, 丸善，pp. 43-50, (2004).

（脚注）これはあくまでも目安です。実際は、加熱によるタンパク質の変化や肉内の水分等の移動により、肉の焼ける時間は変化します。

1.10 温泉卵と半熟卵はどこが違うの？
料理は熱科学の宝庫です

　温泉卵と半熟卵、どちらも生ゆで状態の卵ですが、どこかが違います。同じ卵なのになぜ違いができるのでしょうか。実は、卵の加熱方法によって、同じ生卵が温泉卵になったり、半熟卵になったりするのです [1]。

　温泉卵の黄身はある程度固まっていますが、白身はほとんど固まっていない状態です。これは、温泉など60～70℃のお湯に長時間つけておくと作ることができます。黄身は60～70℃で固まりますが、白身の主成分であるタンパク質が完全に固まるのは、75～78℃以上だといわれています。70℃のお湯に長時間つけておくと、内部の温度が均一になり黄身は固まりますが、白身は完全には固まらず温泉卵となります。市販の生卵を約70℃のお湯が入った魔法瓶に入れて、30分～1時間ほど放置しておくと温泉卵ができます。筆者はこの方法で温泉卵を楽しんでいます。

　一方、半熟卵の白身は固まっていますが、黄身は完全に固まっていません。これは、高温のお湯で短時間加熱することで、作ることができます。半熟卵を作るには、沸騰したお湯に卵を入れます。そのまま放置しておくと固ゆで卵になってしまうので、6分～8分でお湯から引き上

温泉卵（左）と半熟卵（右）（2015.7 撮影）
温泉卵の黄身は固まっていますが、外側の白身は固まっていません。半熟卵の白身は固まっていますが、黄身は完全に固まっていません。この違いは加熱法の違いによるのです。

ベクトル1 みんなの熱科学

げた後で冷やします。沸騰したお湯はほぼ100℃ですから、卵の表面近くにある白身は固まりますが、卵の中心付近にある黄身は低温のままです。熱伝導という現象で卵の内部に熱が伝わりますが、本書「1.9 厚いステーキを焼くときには」で述べたように、黄身のある中心部まで熱が伝わるためには、10分以上かかります。従って、黄身が高温になり固まる前に卵を冷やすと、半熟卵ができるのです。

温泉卵も半熟卵も同じ卵料理ですが、加熱の仕方を変えると、全く異なるものになってしまいます。

冷凍麺を解凍するとき、電子レンジで指定された時間通りに加熱しても凍っていることがあります。電子レンジが発するマイクロ波は液体の水を加熱するので、解凍する前に水道の水をかけて麺の表面を濡らすと、表面の水が加熱されそこから熱伝導で麺の中心部を加熱します。細い麺は熱の伝わり方が早いので、指定された時間より短い時間で解凍することができます。ただし、冷凍うどんは麺が太いので、厚いステーキと同じように、ソバやラーメンより加熱に時間がかかります。

このように、熱科学を使うことによって、いろいろな調理方法を行うことができます。料理はまさに熱科学の宝庫なのです。

参考文献
[1] 相原利雄, プロメテウスの贈り物, ポピュラー・サイエンス247, 裳華房, pp. 29-31, (2002).

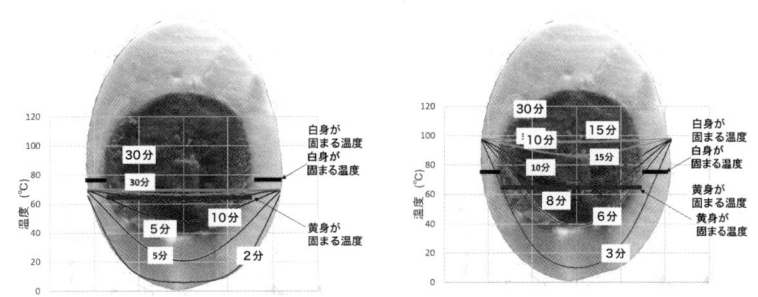

温泉卵(左)と半熟卵(右)の温度分布
卵内の温度分布の時間変化を、数値解析で示したものです。条件が異なると温度分布が異なります。

1.11 先端技術を支えるミクロな熱移動
レーザーディスクとインクジェットプリンター

　熱が伝わるためには、基本的な長さの 2 乗の時間が必要です（本書「1.9 厚いステーキを焼くときには」参照）。逆に、しゃぶしゃぶの調理のように、長さが半分になると熱が伝わる時間は 4 分の 1、10 分の 1 の大きさの物体では 100 分の 1 の時間で加熱できます。物体の大きさを小さくすると加熱時間が飛躍的に短くなる現象は、最先端技術の根幹になっているのです。

　皆さんがビデオや映画を録画する CD や DVD は、どのように 1 枚のディスクに動画の膨大なデータを書き込むことができるのでしょうか。この情報の書き込みにも、ミクロな熱が関係しています。

　書き込み可能なレーザーディスクには、熱で性質が変化する物質が透明なプラスチックの間に挟まれています。その物質に強力なレーザー光を照射して、加熱します。回転しているディスクを、数 10 ナノ秒（1 ナノ秒は十億分の 1 秒）の短い時間に光で加熱することによって、データ

ディスクドライバーと DVD への記録原理 [1]
光ディスクに情報を書き込むとき、レーザーのパワーで微小な記録層に熱変成を起こさせます。その大きさは幅が 1 ミクロン（千分の 1 ミリメートル）程度です。加熱する場所が小さいので、「焼き肉の原理」からその加熱時間は、約 20 ナノ秒（1 ナノ秒は十億分の 1 秒）で加熱が終了します。

22

を記録します。書き込んだディスクは、パワーの小さいレーザーを当てて、熱で変質した箇所と変質していない箇所を読み出して情報を再生します。

　レーザーで加熱するとき、集光したレーザーの直径は1ミクロン（1ミクロンは千分の1ミリメートル）以下です。このように、小さい場所は瞬時に加熱できますが、同様にすぐに冷えます。そのため、小さな場所だけを熱で変質できるのです。

　レーザーの焦点の直径は、光の波長に比例します。ブルーレイDVDディスクの加熱には、青色レーザーが使われます。このレーザーはCDの記録に使われる赤色レーザーより波長が短いために焦点を小さくできます。そのために、CDに比べてより多くの情報を記録できます。

　皆さんが年賀状などの印刷に使うインクジェットプリンターには、バブルジェットというインクの入ったパイプを加熱し瞬間的に沸騰させて、その蒸気でインクを押し出すタイプのものがあります。図に示すように、小さなパイプにヒータがついていて、コンピュータの信号でパイプの中のインクを沸騰させます。沸騰した蒸気が、パイプの中のインクを押し出して、紙に色をつけることによって、印刷しています。このパイプ

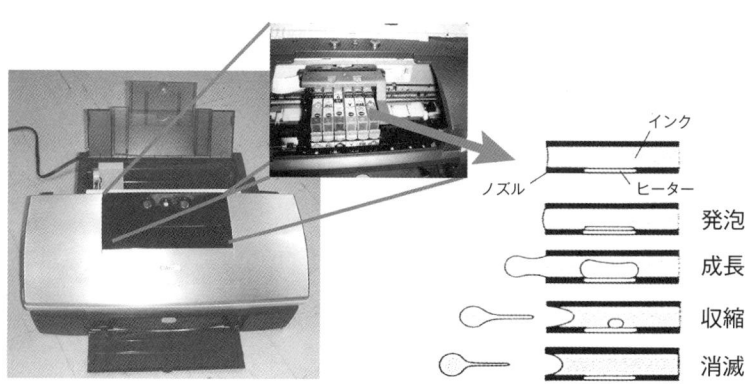

インクジェットプリンターのしくみ [2]
バブルジェットプリンターのパイプについている小さなヒータで、インクを瞬間的に沸騰させ、できた蒸気の泡でインクを押し出します。これは、パイプとヒータが小さいために、千分の1秒単位でインクの押し出しができるのです。

の太さは、髪の毛の太さよりも細いのです。焼き肉の例で示したように、小さい物体は瞬間的に加熱できるので、飛び出すインクの時間を制御することによって、いろいろな模様を作ることができます。

　もしこのパイプがもっと大きい場合は、加熱に時間がかかり、短時間で年賀状を印刷することができません。つまり、ヒータとパイプが小さいために、インクジェットプリンターが実現できるのです。

参考文献

[1] 日本機械学会, JSME テキストシリーズ『演習　伝熱工学』, 丸善, pp. 109-110, (2008).
[2] 円山重直, マイクロマシンの熱流動, 機械の研究, Vol. 52, No. 3, pp. 335-341, (2000).

ベクトル───2
地球環境問題の熱科学

2.1 遠赤外線と地球温暖化
地球の温度は光エネルギーのバランスで決まる

　石油や石炭など化石燃料から排出される二酸化炭素が、地球温暖化を引き起こしているといわれています。地球の温度は、太陽から来る光と地球が宇宙に放射する赤外線放射の、エネルギーのバランスで決まります。では、なぜ二酸化炭素が増えると、地球の温度が上昇するのでしょうか。

　地球は、エネルギーの大部分を太陽から光という形でもらっています。その光の波長は、約1万分の5ミリメートル（0.5ミクロン）で、目に見える光（可視光）が主なものです。太陽からエネルギーを受けるだけでは、地球が高温になってしまうので、宇宙に赤外線を放射して、エネルギーのバランスを保っています。その時の赤外線の波長は、100分の1ミリメートル（10ミクロン）で、太陽光の波長の20倍の長さです。この波長の長い赤外線が俗に言う「遠赤外線」です。ただし、学問的には

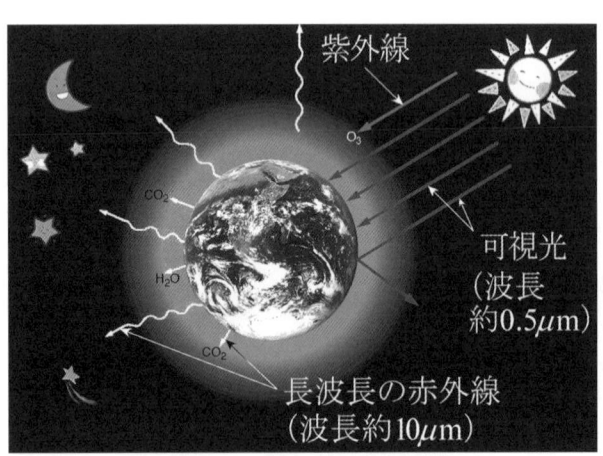

地球と宇宙のエネルギーバランス [2]
地球は、太陽から主に0.5ミクロンの波長の光（主に可視光）を吸収し、宇宙に10ミクロンの赤外線を放射しています。水蒸気や二酸化炭素、メタンなどの温室効果ガスは、可視光には無反応ですが、10ミクロンの赤外線に対して温室効果ガス自身が暖まり、熱を閉じ込めてしまいます。これが地球温暖化の原因です。

いろいろな基準があり、遠赤外線の定義は一様ではありません。

　太陽から来る可視光は、空気や二酸化炭素などのガスを透過します。しかし、地球が放射する赤外線は、二酸化炭素やメタンなどの地球温暖化ガスに吸収されて、なかなか宇宙に放出されません。そのために、地球の温度が上昇するのです。

　一方、地球に温暖化ガスが存在しないと、地球の平均温度はマイナス18度（-18℃）となり、人間が住むには不適当です［1］。地球温暖化ガスのおかげで、地球の平均温度が、約15℃に保たれているのです。

　近年、人類が膨大な二酸化炭素を排出し、地球のエネルギーバランスを崩すために、短期間で地球の平均温度が上昇すると考えられています。人類が使うエネルギーを2倍にしても、地球の温度は、100分の1℃以下しか上昇しません［1］。一方、空気中の二酸化炭素濃度が2倍になると、一説では地球の平均温度が2℃程度上昇するといわれています(脚注)。

（2003.10.13　河北新報　プリズム掲載）

参考文献
［1］円山重直, 光エネルギー工学, 養賢堂, pp. 47-49, (2004).
［2］日本機械学会　JSMEテキストシリーズ『伝熱工学』, p.4, (2004)

（脚注）地球の温度上昇には多くの説があり、明確には解明されていません。

2.2 不都合な真実、信じたくない事実
地球温暖化は止められないかもしれない

　2006年にアル・ゴア元米副大統領が映画化し、2007年に出版された『不都合な真実』が反響を呼んでいます。この映画や本の提言では、地球温暖化は不都合な真実ではありますが、人類は英知によりこの困難を克服できると考えています。

　しかし、種々の歴史的な事実と現在までのデータから、人類が地球温暖化を防止できる可能性があった分水嶺は、はるか昔に超えたのではないかとも言われています。私たちは、この事実をうすうす実感していても、受け入れられません。人類はもう地球温暖化を止められないということが、「信じたくない事実」なのです。私たちはこの事実を受け止め、それに対する方策を今から準備するべきではないかと考えます。

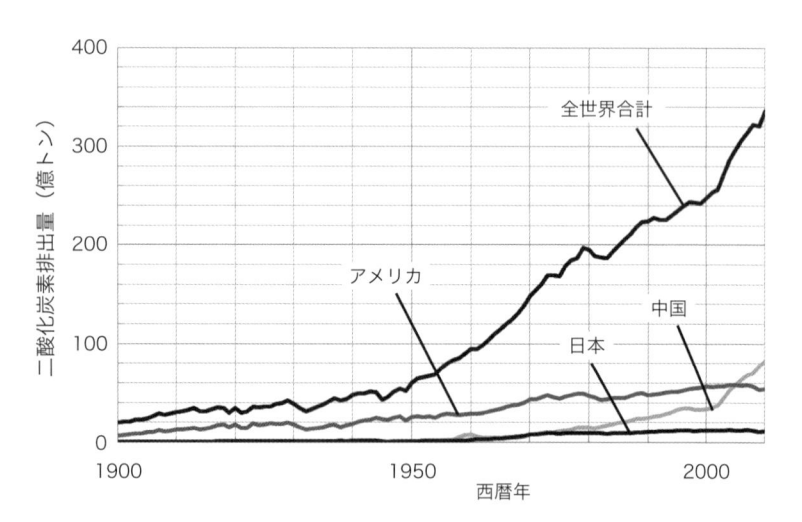

世界の二酸化炭素排出量と各国の動向
[米国エネルギー省　オークリッジ国立研究所（2014）のデータより作成]

二酸化炭素排出量は、米国・日本などの先進国では一定量に落ち着いていますが、中国・インドなどの新興国の排出量増加が顕著です。そのため、世界の二酸化炭素排出量は、1997年の京都議定書以後も増加し続けています。

ベクトル2　地球環境問題の熱科学

　世界の二酸化炭素（CO_2）排出量増加率は、2000年から2007年までの記録で年3.2%となり、1990年から10年間の排出量増加率の年1.1%に比べて、3倍に増えています。地球温暖化のペースも、予想の上限を超える勢いです。この事実は、1997年の京都議定書（COP3）以後に地球温暖化に対する意識と議論が高まってからの現象であることに、注目したいと思います。300年前の産業革命時に発明された熱機関の熱効率は、約1%であったといわれています。最新の火力発電所では、熱効率は50%以上で、この間の技術革新は著しいものがあります。しかし、人類が消費するエネルギー量は、機械の熱効率向上をはるかに上回っているのです。20世紀後半の50年間で、CO_2排出量は実に4倍に達しています。

　私たちは、これからも地球温暖化を押さえ込むための方策を怠るべきではありません。個々の機器の効率化もさることながら、エネルギー源の生産から最終消費までのCO_2総排出量の減少に取り組むことが、重要ではないでしょうか。

　一方、「信じたくない事実」を見据え、それに対する準備も検討すべきだと思います。例えば、海水温上昇による台風などの自然災害の増加(脚注1)を見越した、降水量基準の見直しと社会インフラの整備、海面水位増大に対する方策、感染症拡大に対する対策、北海道の温暖化による穀倉地化と食料自給率の改善などです(脚注2)。このような社会基盤の整備は、エネルギー政策と同じくらい長期の、社会資本の投資と制度改革が必要です。それらは、今後のビジネスチャンスや、経済の活性化基盤ともなりうるのでないでしょうか。

（2007.7.6　日経産業新聞　テクノオンライン掲載）

(脚注1)　本書執筆の2015年には、記録的な集中豪雨や堤防決壊が起こりました。
(脚注2)　この提言は2014年のIPCC第5次報告で述べられています。日本政府も2015年に、筆者の提言と同様な対策を考え始めました。

2.3 「信じたくない事実」の向こうにあるもの
IPCC 第5次評価作業部会報告

　IPCC（気候変動に関する政府間パネル）の3つの作業部会が終わって、2014年9月に第5次評価報告書が発表されました。第1部会では、地球の温暖化は疑う余地がなく、二酸化炭素の累積排出量と平均気温の変化は、比例関係にある可能性があることが指摘されました。第2部会では、気候変動は自然破壊や食糧不足などに影響を与えるだけでなく、疫病による健康被害や台風等による自然災害の増加など、社会的基盤にも影響を与えるとしています。第3部会では、気候変動を緩和するには、今世紀末で二酸化炭素の排出量をゼロにするか大気中から抽出隔離する必要があるといいます。各国のGDP（国内総生産）と二酸化炭素排出量は、依然として強い相関がありますから、この報告は地球の温暖化とその影響の回避が大変難しいことを示しています。

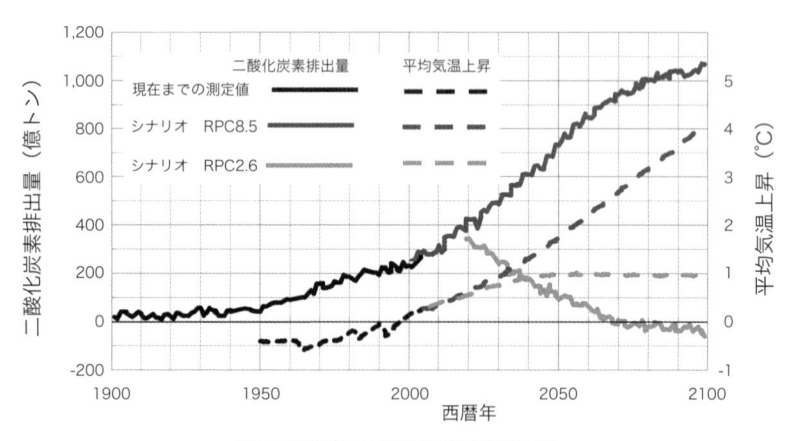

世界の平均気温と二酸化炭素排出量の予測
[気候変動に関する政府間パネル（IPCC）第5次評価報告書（2014.9）]

各種の CO_2 排出量シナリオで予測した、世界の平均気温の予測です。今世紀末には、最大4℃の気温上昇が予測されています。最も安定化する場合では、大気中から CO_2 を抽出して隔離しないと大気の CO_2 濃度を達成できない非現実的なシナリオです。

筆者はこの第5次報告が出る7年前に、「人類は地球温暖化の分水嶺をすでに超えており、地球温暖化は避けられない」可能性を述べました（本書「2.2 不都合な真実、信じたくない事実」（2007年7月テクノオンライン掲載）参照）。また、気候変動による自然災害や感染症の増大に備えた、社会インフラの整備を提唱しました。今回のIPCCの作業部会報告は、筆者の予言を具体化して、私たちの前につきつけました。

　環境省でも、気候変動が日本に与える影響とリスクの評価を行っています。そこでは、気候変動による熱帯・亜熱帯珊瑚の消滅や、自然災害の増加を予測するとともに、日本の農水産物への影響も述べています。昔は、東北・北海道地方では稲作が難しく、冷害でコメの収穫ができないときもありました。現在は、それらの地域で、味の良い品種が多く栽培されています。米どころ新潟では、気温上昇のために、コシヒカリの品質維持が課題になっていると言われているのです。地球温暖化は、人類にとって不都合なことが多いです。でも視点を変えて、北海道を世界の穀倉地帯にするなど、前向きな可能性も考えてはどうでしょうか。

　私たちは、気候変動による自然災害への防備や農水産物生産の変化などに対応した社会インフラ整備をすべきではないでしょうか。地球温暖化対策への投資が、今後のビジネスチャンスや経済の活性化につながる可能性もあります。これらの社会インフラの整備は、長い時間がかかるので、今から始めても遅くはありません。

（2014.5.13　日経産業新聞　テクノオンライン掲載）

2.4 環境のリバース・トリレンマ
環境破壊因子に課税、省エネに投資

　筆者は「環境のリバース・トリレンマ」を 2010 年 6 月に日本学術会議で提案しました。一般に言われている「環境のトリレンマ」とは、「環境の保全」、「資源の確保」と「経済の発展」は相反するもので、三者は同時に成立しないというものです。つまり、経済を発展させると、資源は枯渇し、地球温暖化ガスが増大し、環境を破壊します。環境を守るために、多くの規制を設けると、経済の発展が阻害されます。これまでは、トリレンマを打開することや、三者のバランスをとるための議論がされてきました。

　ここで提案する「リバース・トリレンマ」では、環境に悪影響を与える因子に課税し、その原資を省エネ技術や公共輸送機関など、環境を保全する因子に集中的に投資することです。それによって、環境技術が発達し、その投資が経済の活性化を促します。例えば、都市部のトラム（路面電車）を終夜まで低料金で運行することによって、自家用車使用を抑制することができます。

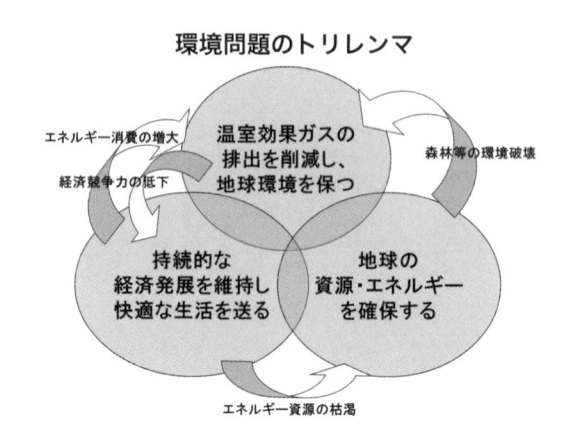

環境問題のトリレンマ

- エネルギー消費の増大
- 経済競争力の低下
- 森林等の環境破壊
- エネルギー資源の枯渇

- 温室効果ガスの排出を削減し、地球環境を保つ
- 持続的な経済発展を維持し快適な生活を送る
- 地球の資源・エネルギーを確保する

このように、資源を多く消費する因子に課税し、省資源技術への投資をすることによって、さらなる省資源が展開します。それらの集中投資によって育成された環境に優しい技術やノウハウは、私たちの産業を支える基幹技術となるのではないでしょうか。

　みなさんが冬に食べる温室トマトは、温室の暖房などでトマト自体のカロリーの75倍のエネルギーを消費しているといわれています。温室の暖房費が課税によって上昇し、冬物トマトの価格が上がれば、安い地物のトマトを夏に食べることになるでしょう。トマトを冬に食べたい人や自家用車で通勤したい人は、高い経費を支払えばよいので、法律で冬のトマトを買うことを規制して経済を窒息させることはありません。

　ここで重要なのは、環境や資源の悪影響因子に対して集めたペナルティを、その反対の技術やしくみ「のみに集中投資すること」です。国家や政府は、古代から民衆や団体から税を徴収し、それを個人では出来ない事業や弱者の救済にあててきました。税を徴収せずに、「パンとサーカス」を提供する政府(脚注)であってはなりません。

(2010.8.20　日経産業新聞　テクノオンライン掲載)

(脚注)　ローマ帝国で、為政者が食料と見せ物を無償で提供し、市民から政治への関心をなくさせた愚民政策の例です。

環境のリバース・トリレンマ

- 省エネルギーの自発的促進
- 環境技術と人材育成の強化
- 温室効果ガスの排出源に課税しその原資を環境技術と教育に重点投資
- 環境保護の助成
- 量的満足から質的満足に価値観の転換を促す環境技術を武器に世界市場に展開
- 循環型エネルギーに補助金　化石エネルギーに課税

循環型エネルギービジネスの展開

[2010.6.25 日本学術会議・機械系学協会合同シンポジウムで発表]

2.5 不便にするエコロジー
便利でなくとも、ゆとりのある省エネ社会へ

　共同研究のために、2009年11月にフランスのトゥールーズを訪れました。トゥールーズは人口約40万人、フランス6番目の中堅都市です。皆さんが旅行で使う、旅客機のエアバスの生産拠点としても有名です。空港に到着すると、フランス人の教え子や友人が、コンパクトカーで迎えに来てくれました。大きな車も持っている友人は、日常の移動では大型車は使わないといいます。市街地は、10年ほど前から車道をわざと狭くして、一方通行を多用しており、大型車は移動も駐車もはなはだ不便なのです。

　道をわざと狭くし、日常生活を不便にしているようにも見えますが、私が8年前に同地を訪れたときに比べて、バスや地下鉄も整備されていました。町並みの風情を見ても、人が中心の生活が、より充実している

フランス・リヨンのトラム（2015.6 東北大学　小宮敦樹准教授撮影）
ヨーロッパの主要都市では、トラム（路面電車）が走っています。自動車用道路を狭めてでも、トラムを優先し、深夜まで営業して、市民の日常に欠かせない足となっています。

ように思えました。市街地を自転車優先にして車の利用を制限する試みは、国際会議で訪れたフランスのリヨンや、ドイツのゲッチンゲンでも行われていました。同様な町づくりが、他のフランスの地方都市でも実施されています。

トゥールーズを訪れて、一見日常生活を不便にする町づくりが、ゆとりのある都市生活と地球に優しいエコロジーに貢献する場合もあると、実感させられたものです。このような試みが、人々の価値観をも変える可能性があります。つまり、通勤に大型車を使うことが不便となれば、小型車やトラム（路面電車）などの公共交通機関が多用されます。大きなエンジンを持った高級大型車よりも、コンパクトで使いやすい小型車が、大衆の関心を集めるでしょう^(脚注)。結果として、製造と維持に膨大なエネルギーを消費する大型車の需要が後退し、省エネルギー社会構築に貢献することになります。

人間が継続的に生み出せる動力は、0.1から0.3馬力程度です。数百馬力のエンジンを持つ大型車をフル加速することは、数千人が全速力で走ることに相当します。1人の人間が移動するためには、理不尽なほど無駄なエネルギーです。

私を迎えにきてくれたトゥールーズの友人は、町中を大型車でドライブするのは不便だと、小さな車で町を案内するいいわけを言っていました。皆さんの価値観が変われば、大きな車で迎えにくる場合のいいわけを、言うことになるのでしょうか。

(2010.9.14　日経産業新聞　テクノオンライン掲載)

(脚注) 燃費が良く小型のハイブリッド車トヨタプリウスが、ハリウッド・セレブのステータスになりました。

2.6 情報の時間・エネルギーの時間
発電所は古くなっても3年で買い替えるわけにはいかない

　筆者が東北大学工学部で担当している熱力学講義の学生に、近郊の新仙台火力発電所の見学を行っています[脚注1]。この火力発電所で、仙台市の電力消費の半分をまかなっていることや、プラント設備規模の大きさで、私たちが考える以上に、学生は感銘を受けています。

　この発電所は、比較的古い形式で1971年に運用を始め、2016年に高効率の複合サイクル発電所に建て替える予定です[脚注2]。つまり、発電所は、40年以上使用することがあるのです。

　一般に、エネルギー関連機器の開発と建設には時間がかかり、建設してから30年以上使うことが多いのです。原子力発電所は、計画から建設までに10年以上を要し、30年以上使用している原発も珍しくありません。

　このことは、コンピュータや携帯電話などの情報機器の寿命と対照的です。経験則であるムーアの法則によると、コンピュータの処理速度は、

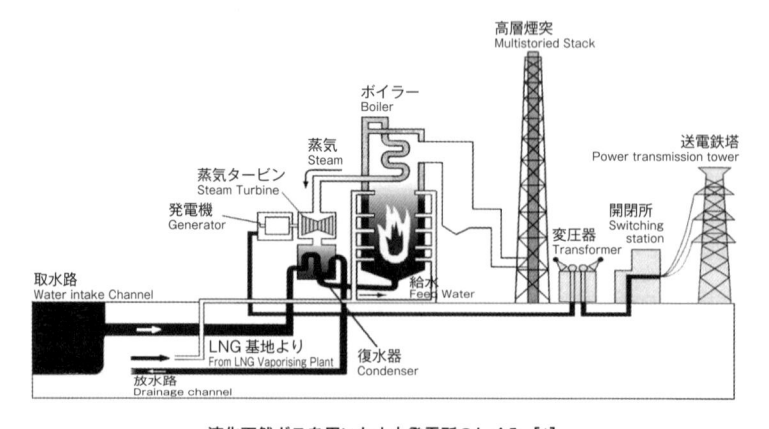

液化天然ガスを用いた火力発電所のしくみ [1]

新仙台火力発電所1号機は、1971年に運用を開始し2011年に廃止の予定でしたが、2011年の東日本大震災後に復旧され、2015年9月に廃止されました。このように発電設備は、40年以上使われることがあります。

3年で4倍になります。携帯電話やパーソナルコンピュータの買い換え時期を考えると、コンピュータや周辺機器・ソフトウエアは、3年程度で新しくなると考えて良いでしょう。

2008年6月に福田康夫首相は、国内の温暖化ガス排出量を60～80%削減することを表明しています。この目標達成には、エネルギー機器の二酸化炭素発生削減が不可欠です。仮に、現行の非効率発電所（熱効率30%程度）を、最新型の高効率・低エミッション型の発電システム（熱効率50%以上）に置き換え始めても、全部置き換わるのは40年後なのです。実用化されている最新型の火力発電所で、達成される温暖化ガスの排出削減量でも、日本の削減目標には及びませんから、いっそうの技術革新が必要です。そのためには、さらに時間が必要なのです。パソコンや携帯電話などの情報機器と異なり、エネルギー関連機器の技術革新とその普及は、思った以上に時間がかかるものです。

エネルギー機器の寿命とそれらが置き換わる時間を考えると、私たちが考えている以上に革新技術への投資とその強制的な普及方法を検討する必要があるのです。前述（本書「2.2 不都合な真実、信じたくない事実」（2007年7月テクノオンライン掲載）参照）したように、もうすでに遅きに失しているのかもしれませんが。

（2008.9.9 日経産業新聞 テクノオンライン掲載）

参考文献

[1] 日本機械学会, JSMEテキストシリーズ『熱力学』, 丸善, p. 154, (2002).

（脚注1）2015年現在、見学は行っていません。
（脚注2）この発電所は、2015年9月に廃止され、2016年に高効率発電所を建設する予定です。

2.7 地熱発電は再生可能エネルギーの優等生
日本の地熱資源は原発約20基分

　宮城県北部にある鬼首地熱発電所は出力1.5万キロワット（kW）の比較的小さな地熱発電所ですが、近くにある巨大な鳴子ダムの発電能力（1.9万キロワット）と、ほぼ同じ電力を作っています。水力発電所は最大能力の電力を出し続けるとダムの水が一気に枯渇するので、日本では電力供給が足りないときにしか動かせません。しかし、地熱発電所は、連続して電力を供給できます。

　日本は、地熱の利用可能エネルギー量（150℃以上の蒸気）が2400万キロワットで、原子力発電所の約20基分あると言われています。これは、アメリカ、インドネシアに次ぐ世界第3位で、地熱先進国のアイスランドよりはるかに多いのです。しかし、2013年現在の地熱発電量は、53.6万キロワットだけで、地熱発電所の建設は1999年から止まっています。この理由は、RPS法（電気事業者による新エネルギー等の利用に関する特別措置法）や、自然公園法など[脚注1]の規制も一因でしょう。

　筆者が学会出席のために訪れたアイスランドでは、電力の4分の1を

アイスランド・レイキャビク近郊の、ヘリシェイディ地熱発電所（2008.8 撮影）
レイキャビクでは、発電で使った温排水を都市部までパイプで輸送し、地域暖房や給湯に使用しています。ホテルのお湯は、硫黄のにおいがしました。この地熱発電所では、三菱重工や東芝の機器が使用されていました。

地熱発電でまかなっており、首都レイキャビクのホテルのお湯や暖房は、地熱発電所からの温水でした。近郊の地熱発電所を見学したとき、設備のほとんどが日本製だったのには驚きました。実は、世界の大型地熱発電所の地上設備は、7割以上が日本の技術で作られているのです。

　再生エネルギー法が成立し自然公園法が緩和されて、大型の地熱発電所の開発が、再検討されています^(脚注2)。太陽電池や風力発電などは、日射や風速の変動で出力が不安定です。安定した電力供給には電圧と周波数を一定に保つために、火力発電所が必要です。しかし、地熱発電所は、蒸気を取り出す井戸の確保と管理をきちんとやれば、基幹電力として一定電力を供給することができます。既存の電力設備に負担をかけない、大型の地熱発電による電力は、もっと高価格で買い取っても良いと思います。

　再生可能エネルギーの優等生である地熱発電にも、問題があります。地熱発電開発地域は、温泉地とほぼ同じなので、地域の理解が必要です。日本では、10年以上新しい地熱発電の開発が途絶えていたので、地熱探査などの研究者や技術者がほとんどいません。その人材育成も急務でしょう。地熱開所は、メガソーラー発電所建設に比べて、膨大な時間がかかります。その困難を乗り越えるには、より大きな経済的インセンティブと政府の研究支援が不可欠です。

（2013.10.11　日経産業新聞　テクノオンライン掲載）

(脚注1) RPS法では、フラッシュ型大型地熱発電が、新エネルギー助成から実質的に除外されていました。自然公園法（当時）は、公園内の景観及び風致上支障があると認められる開発を推進しないとしていました。
(脚注2) 2015年現在で、岩手県八幡平など、地熱発電所の建設計画が、漸く再スタートしています。

2.8 二酸化炭素を排出する燃料電池
水素はどこから来るの？

　水素を燃料とする燃料電池車が、未来の自動車としてもてはやされています。水素を燃料とする燃料電池車の「エンジン」は、排ガスとして水（水蒸気）しか出さないからです。ただし、現在の燃料電池は、燃料である水素を作るために、二酸化炭素を排出しているのです。

　燃料電池は、水素という媒体を使った蓄電池（二次電池）と考えられています。現状では、風力や太陽エネルギーなど、再生可能エネルギー源から作られる水素は、ごく微量です。また、これらの方法で生産される水素は、大変高価であり、価格を考えると現実的ではありません。

　現状で入手できる水素の大部分は、石油や天然ガスを改質して作っています[脚注1]。この過程で、二酸化炭素が大気中に放出されます。電力

水素を充填する水素ステーションと、トヨタ燃料電池車ミライ（2015.5 撮影）
この水素ステーションでは、都市ガス（天然ガス）を改質して水素を作っています。つまり、天然ガスから水素を作る過程で、二酸化炭素を放出しています。このステーションは東京ガスの敷地内におかれて、撮影時、一般の燃料電池自動車には充填していませんでした。

会社の電気を充電する蓄電池を使った電気自動車も、車自体は何も排出しませんが、電気を作るときに、火力発電所で二酸化炭素を大気に排出していることを、忘れてはなりません。

　初期の燃料電池のエネルギー効率は 40 〜 50% でした。メタンや石油を改質して水素を燃料電池車に供給する水素ステーションのエネルギー効率が約 60% ですから(脚注2)、総合的には、燃料電池の二酸化炭素排出量は、化石燃料を用いる熱効率 25% 程度のガソリンエンジンや、効率 30% 程度のディーゼルエンジンと、たいして変わらないものとなっています。

　燃料を燃やす従来のエンジンに比べ、燃料電池は、理論的に到達できる最高エネルギー効率が格段に高いです。多くの技術開発の結果、燃料電池の効率は 60% 程度に向上しています(脚注2)。この様な電池を使えば、二酸化炭素排出量もガソリンエンジン車に比べて抑制することができます。また、再生可能エネルギーを低価格化したり、火力発電所から排出される二酸化炭素の大気隔離（本書 2.9 節参照）が実現し、その電力で水素を作れば、本当に二酸化炭素を排出しない燃料電池車が可能です。しかし、このためには多くの技術的・経済的・社会的ブレークスルーが必要となるでしょう。

（2007.11.9　日経産業新聞　テクノオンライン掲載）

（脚注 1）現在の水素の大部分は、石油製品や天然ガスなどの化石燃料と水蒸気を混ぜて、触媒と一緒に高温にすることによって、安価に作られています。その時、CO_2 が大量に発生します。
（脚注 2）この効率は、執筆時のものです。

2.9 砂糖で二酸化炭素の漏れを防ぐ
二酸化炭素回収・貯留（CCS）に向けた新たな試み

　近年、CCS（二酸化炭素回収・貯留）が注目されています。これは、化石燃料から排出される二酸化炭素（CO_2）を分離し、高い圧力で液化して地中または海洋に貯留することによって、CO_2 を大気中に放出しない技術です。IPCC（国連の気候変動に関する政府間パネル）報告書（2005年）[1] によれば、世界の CO_2 排出量の約 80 年分に当たる、2 兆トンの地下貯留が可能だと試算しています。CCS は、2100 年の CO_2 大気排出削減に、15 ～ 55% 貢献すると予想されています。

　地球環境産業技術研究機構（RITE）の調査 [2] では、日本の CO_2 の地下貯留可能量は、300 億トンから 1,500 億トンと推定しています。これは、日本の CO_2 排出量の 24 年から 120 年分に相当します。

　地下帯水層に貯留されている液体二酸化炭素は水よりも密度が小さい

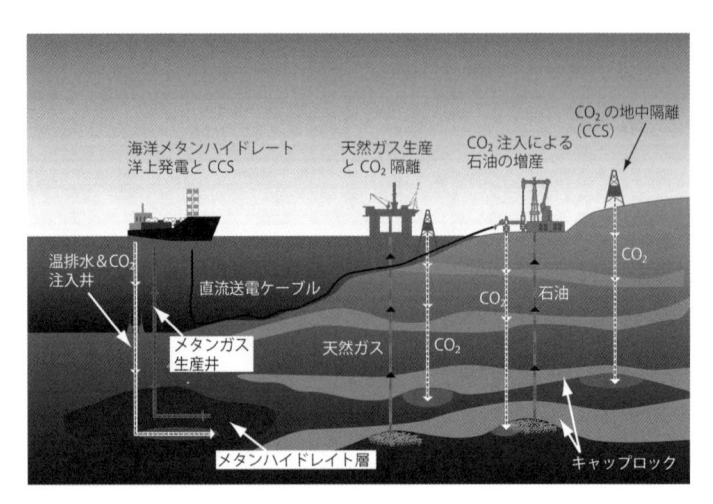

化石燃料から発生した二酸化炭素（CO_2）を地中等に隔離する CCS の形態
私たちのグループでは、海洋メタンハイドレートからメタンを取り出し、発電した後の排熱と CO_2 を再び海底に戻し、メタンを増産する研究をしています [3]。

ため、浮力で上方に移動します。それを防ぐために、キャップロックという水を通さない不透水層がある地中に隔離するのです。しかし、地層に亀裂があると、海底または地表に CO_2 が漏洩する可能性があります。ノルウェーで行っている CO_2 貯留では、CO_2 の上昇が観測されています。日本は地層に断層が多い地域なので、CO_2 がキャップロックから漏れ出る可能性は否定できません。この漏洩を防ぐために、細かい液滴状にした CO_2 を地下帯水層に注入し、帯水層の隙間に固着安定化させる研究が、東京工業大学のグループによって行われています。

　一方、水にカルシウムと砂糖を溶解させ、キャップロックのひび割れ部に溶液を注入しておくと、万が一 CO_2 が漏れたときに溶液が反応し、自動的に漏れを止める研究が、東北大学のグループで行われています。これは、人体の組織が傷ついたときに、血栓ができて出血を止める作用に似ています。

　CCS は、CO_2 排出削減の切り札ともいえる技術ですが、大量の CO_2 を地中に注入する技術やコストの問題など、これからの課題も多いのです。これらを克服するためにも、CO_2 漏洩防止技術のような、日本独自の技術を発展させていくことが、必要ではないでしょうか。

（2009.1.8　日経産業新聞　テクノオンライン掲載）

参考文献

[1] IPCC Special Report on Carbon Dioxide Capture and Storage, Cambridge Univ. Press, (2005).
[2] RITE, 二酸化炭素地中貯留技術研究開発成果報告書, p. 19, (2007.3)
[3] Maruyama, S., et al., Proposal for a low CO_2 emission power generation system utilizing oceanic methane hydrate, Energy, Vol.47, pp. 340-347, (2012).

2.10 空の重さ海の重さ
富士山のくぼみで千百年分の二酸化炭素を溜められる

　地球の大気は高度100キロメートル程度までありますから、私たちは厚さ100キロメートルの大気層の底に住んでいることになります。その大気は、地上で1平方センチメートル当たり重さ1キログラムの重さになります。これは、水の重さで考えると、高さ10メートルの重さに相当します。つまり、海に10メートル潜れば、大気と同じ重さの水が頭上に存在することになります。

　一方、海水は、全地球表面で2.7キロメートルの厚さとなり、地球の全大気に比べて、270倍の質量があります。その分子の数は、大気の約400倍となるのです。この膨大な海水を、人類が排出する二酸化炭素の隔離・貯留層として活用することが考えられます。

　2008年から適用される京都議定書では、2008年から5年間の平均温暖

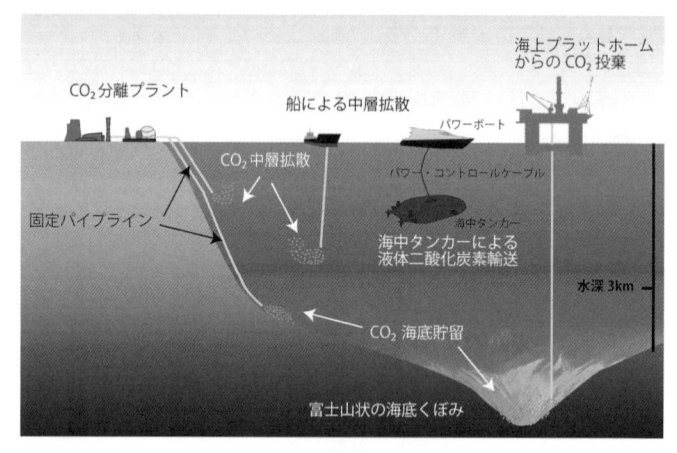

二酸化炭素（CO_2）を分離液化して海洋隔離する方法
水深3千メールより深くなると、液体 CO_2 は海水より重くなるので、海底に沈みます。海底には、富士山のような海溝が多くあります。そこに二酸化炭素を貯留・隔離することが、考えられます。膨大な量の液化 CO_2 輸送には、加圧が必要ない水中タンカーが考案されています [3]。

化ガス排出量を、2006 年に比べ 12％削減する必要があります。つまり、2008 年から毎年 5％削減すると、2012 年には現在に比べて 24％削減する必要があります。このためには、革新的な二酸化炭素排出抑制技術が不可欠です。

革新的技術の一つとして、火力発電所で作られた二酸化炭素を液化して、大気と隔離すること（CCS）が検討されています。筆者らの試算によると、LNG(液化天然ガス)の冷熱（冷却エネルギー）を一部利用して、空気中の酸素を分離し、二酸化炭素循環燃焼で発電した場合、二酸化炭素を分離・液化するエネルギーを考慮しても、40％以上の効率で発電可能です［1］。これは、従来型の石炭火力発電所の熱効率に匹敵します。

分離された二酸化炭素を、海底貯留や海洋中層へ拡散することが、IPCC（気候変動に関する政府間パネル）等で検討されています［2］。例えば、富士山を逆さにした深海の窪地に、液体二酸化炭素を貯留すると、日本の年間二酸化炭素排出量12.7億トンを、千百年分貯めることができるのです。

現在、二酸化炭素の海洋貯留や投棄は、ロンドン条約で規制されています。また、海底の二酸化炭素が他の領域に拡散した場合の、環境に対する十分な検討が必須となるでしょう。しかし、地球温暖化が進行した場合を想定して、海洋による二酸化炭素隔離や、液体二酸化炭素輸送方法など、あらゆる可能性を想定した研究や技術開発が必要となるでしょう。

(2008.4.15 日経産業新聞 テクノオンライン掲載)

参考文献

［1］Kakio, T, Maruyama, S. et al., An Improvement on the Cryogenic Air Separation System of a CO2 Recovery Power Plant With O2/CO2 Combustion, Clean Air, Vol. 6, pp.343-355, (2005).

［2］IPCC Special Report on Carbon Dioxide Capture and Storage, Cambridge Univ. Press, (2005).

［3］圓山重直，液体二酸化炭素輸送システムおよび液体に酸化炭素拡散方法，特許 4568837 号, (2010).

2.11 災害に役立つ環境エコ技術
東日本大震災の体験

　この原稿執筆時の 2011 年 3 月 30 日には、東日本大震災で未曾有の被害が報告されていました。この震災で多くの人命と財産が失われ、さらに多くの人々が、避難所で不便な生活を強いられていました。親族・知人を亡くされ、財産を津波に奪われた方々にお悔やみを申し上げます。3月 30 日当時、依然として福島第一原発が、不気味に白煙を上げていました。筆者も仙台で被災し、知人で亡くなった方もいます。筆者は、自

長時間使える LED 懐中電灯とラジオ	停電時に太陽電池の電力が使える配電盤
深夜電力ボイラーの水が緊急時の飲料水	停電時に使える PHV 車の 100 ボルト電源

我が家の環境エコ技術と震災対応（2015.5 撮影）
筆者の経験では、環境に優しいエコ技術が、意外にも震災時に役に立ちました。写真の PHV 車以外の機器は、震災時にあったので活躍してくれました。

宅で生活ができたので、もっと苦労されている避難所の方々に比べれば幸運でした。それでも、電気や水道などのライフラインが止まった状態で、ガソリンや生活用品が不足する生活を強いられました。

ここで、意外に威力を発揮したのは、環境に優しいエコロジー技術でした。太陽が出ているときは、たまたま自宅に設置してあった太陽光発電システムの非常用電源から、100ボルトの電力を使い、テレビの災害番組を見て、携帯電話の充電ができました。災害時に画像を伴う情報を得ることは、大きな安心につながったと思います。太陽電池の電力を使って、電気炊飯器でご飯を炊いた家庭もあったと聞いています。買い置きのLEDライト付きラジオを、暖房のない食卓に置いて、夜を過ごしました。LEDライトは、電力の消費が極めて少ないので、災害時に入手困難な電池を交換しなくても、数日間の動作が可能でした。電池が入手できないとき、従来の豆電球の懐中電灯では、夜中点灯することは難しいのです。僅かでも常に光があることは、有り難い思いです。家中を探して、1人ずつLEDの懐中電灯を持つことができ、夜の行動には大変重宝しました。

災害とは一見無関係な環境エコロジー技術が、被災時の生活に大いに役立ったことは意外でした。津波から逃げるだけで非常用物資を持ち出す余裕もなく、光も情報もない避難所で生活される方々の苦労は、いかばかりなものでしょうか。

安価なLED電灯付きラジオや、持ち運び可能な小型太陽電池を備蓄することによって、被災地で有効活用ができるかもしれません。また、災害時にほとんど通じなくなる電話を補う自立型衛星用公衆電話など、災害時に活用できる新技術も発掘できるのではないでしょうか。

3月11日の地震直後、電灯が全く灯っていない住宅街で夜空を仰ぎ見ました。晴れた空に、星々が何事もなく輝いていました。悲惨な災害状況で憂鬱になっているときに、こんなに綺麗な星空を見たのは久しぶりでした。

（2011.10.21　日経産業新聞　テクノオンライン掲載、2011.3.30 執筆）

2.12 海洋深層水で海を耕す
海の森を創るラピュタプロジェクト

　ハワイやグアムなどの南の海は、水がきれいで、素敵な休日を過ごすことができます。でも、そのようなきれいな海水は、プランクトンなどの生物が少なく魚介類も多く捕れないため、海洋砂漠と呼ばれています。海洋深層水を汲み上げることによって、海洋砂漠に森を創る、ラピュタ計画が進められています。

　最近、話題になっている海洋深層水は、水深200メートルより深く、太陽光が届かない海の水です。海洋深層水は、基本的には海水ですが、成分が若干異なります。つまり、海洋深層水は、表面の海水に比べて低温で、塩分の濃度がほんの少し低いほかに、窒素やリンなどの肥料が多く含まれています。世界の好漁場の多くは、この深層水が自然と湧きあがってくる場所なのです。もし、海洋砂漠といわれる海域に、深層水を大量に汲み上げることができれば、その一帯を海洋牧場とすることが可能かもしれません。

　このためには、大量の深層水を汲み上げる必要がありますが、ポンプ

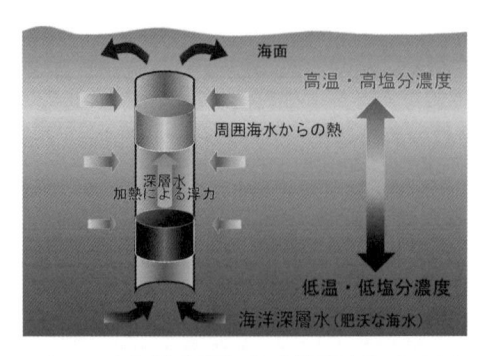

ストンメルの永久塩泉原理による海洋深層水汲み上げ [1]
海中にパイプを入れて、その中を表層水に比べて、低温で若干塩分の小さい海洋深層水を満たすと、その水は周りの海水で温められて上昇します。この海洋深層水汲み上げは、上部が暖かく下部が冷たい海中の温度分布が続く限り、半永久的に続きます。

48

で汲み上げたのでは、電気代などお金がかかりすぎます。海洋学者ストンメルは、海中にパイプを突き刺すことによって、自然に深層水が湧きあがる永久塩泉という原理を 1956 年に発表しました［1］。

筆者たちのグループでは、マリアナ海域に長さ 280 メートルのパイプを設置して、永久塩泉の原理による海水の湧きあがりを、2002 年に初めて測定しました［2］。また、コンピュータを用いてその流れの解析や、人工衛星による海洋緑化の計測も行っています［3］。その速度は、1 日に 200 メートル程度の非常にゆっくりした流れですが、多数のパイプを設置することによって、海洋砂漠の限られた領域に、海洋牧場や海洋農場ができるかもしれません。私たちは、ガリバー旅行記に出てくる飛び島「ラピュタ」になぞらえ、この海洋緑化計画をラピュタ計画と呼んでいます。

参考文献

［1］Stommel, H. et al., An Oceanographical Curiosity: the Perpetual Salt Fountain. Deep-Sea Research, Vol. 3, pp. 152–153, (1956).
［2］円山重直 ほか，海洋深層水汲み上げによる海洋緑化－ラピュタ計画－，月刊『海洋』，No. 36, pp. 87-93, (2004).
［3］Maruyama, S. et al., Evidences of Increasing Primary Production in the Ocean by Stommel's Perpetual Salt Fountain, Deep-Sea Research I, Vol. 58, 567-574, (2011).

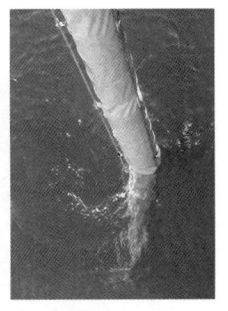

2002 年の東京大学海洋研究所白鳳丸による、ラピュタパイプ展開の風景（左 2002.8 撮影）と、海洋から回収する時のパイプ（右 2009.5 撮影）
このパイプを数週間海洋で浮遊させ、海洋深層水の汲み上げ速度を計測し、ストンメルの原理による海洋深層水汲み上げ速度の計測に、世界で初めて成功しました［2］。パイプ引き上げ時には、多くの魚がパイプの周りを泳いでいました。

2.13 海洋メタンハイドレートが日本を救う？！
二酸化炭素をほとんど発生しない海上発電

　メタンハイドレートは、メタンとそれを取り囲んだ水分子でできた固体で、高圧かつ低温の状態で作ることができます。これに火をつけると、メタンが燃えることから、燃える氷とも言われています。日本近海の海底下には、大量のメタンハイドレートが存在し、東部南海トラフ近郊だけで、日本の天然ガス輸入量の約5年分存在すると推定されています。2013年3月には、地球深部探査船「ちきゅう」が、海洋メタンハイドレートからメタンガスを取り出すことに、世界で初めて成功しました。

　日本近海の海底にある大量のメタンハイドレートから、メタンガスつまり天然ガスを生産できれば、他国に頼らない日本固有のエネルギー源となります。海底からメタンガスを取り出すためには、熱を加えて温度を上げるか、海底の圧力を下げて、メタンハイドレートを分解します。海底を減圧してメタンを取り出すと、その周りの水が凍って、メタンを

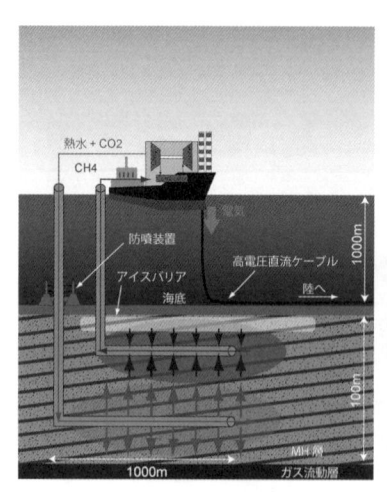

私たちの研究室が提案している海洋メタンハイドレートによる洋上発電システムと、
実験室で合成したメタンハイドレートの燃焼

取り出せなくなります。

　筆者たちのグループでは、メタンハイドレート層からメタンガスを取り出し、海上で発電するシステムの研究をしています。発電の時にできる温排熱で海水を加熱し、さらに発電で排出された二酸化炭素をその海水に溶かし込んで、海底のメタンハイドレート層に再注入します。そのため、二酸化炭素を大気中に出しません。メタンハイドレートは、日本の海岸からそう遠くないところに存在するので、発電した電気は直流送電で地上に送ります。このような設備が実現すれば、自前の燃料で発電し、排出した二酸化炭素は、地中隔離しますから（本書「2.9 砂糖で二酸化炭素の漏れを防ぐ」参照）、地球温暖化ガスをほとんど排出しない、環境に優しい発電が実現できることになります。また、発電に使った残りの排熱をメタンハイドレートに注入しますから、メタンの生産量を上げることも可能です。

　この技術は、まだ未解明な問題も多くあります。例えば、メタンハイドレートは海底の砂層の間に小さな粒となって存在し、それが比較的薄い層で存在するために、一つの掘削井戸から多量のメタンガスを生産するには工夫が必要です。また、メタンガスができるときに、メタンハイドレートが低温になり、それで地層が凍結する可能性がありますので、温排水の注入法も検討する余地があります。

　しかし、海洋メタンハイドレートの海洋発電は、我が国のエネルギー資源問題と環境問題を一挙に解決する可能性のある、理想的なエネルギー源です。

（2015.9.1 日経産業新聞　テクノオンライン掲載）

参考文献

[1] 圓山重直ほか、二酸化炭素低排出発電方法及びシステム、特許 5366300, (2013).
[2] Maruyama, S. et al., Proposal for a low CO_2 emission power generation system utilizing oceanic methane hydrate, Energy, Vol. 47, pp.340-347, (2012).

2.14 ナノ粒子で地球を冷やす
地球温暖化防止の究極手段

　二酸化炭素などの温室効果ガスは太陽光を透過しますが、地球が放射する「俗に遠赤外線と呼ばれる」長波長赤外線を吸収します（本書「2.1 遠赤外線と地球温暖化」参照）。この現象が、地球温暖化の原因となっています。多くの努力にもかかわらず、二酸化炭素排出の世界的削減は大変困難な状況であると言わざるを得ません（「2.2 不都合な真実、信じたくない事実」と「2.3 信じたくない事実の向こう側にあるもの」参照）。それは二酸化炭素の放出量が経済活動と密接に関係するためです。

　これに対して、温室効果ガスとは逆の作用をするのが、微小粒子状物質（PM2.5）や、エアロゾル（浮遊性微粒子）などの、微細粒子です。これらは太陽光を反射しますが、波長の長い赤外線は透過するという、温室効果ガスとは逆の作用をします。

　1991年に、噴火したフィリピンのピナツボ火山の微粒子は、大気中に留まり、太陽の光を反射したために、地球の平均温度が0.4度低下したといわれています。1783年に、日本の浅間山とアイスランドのラキ火山が、大噴火しました。この噴煙が大気中に滞留し、太陽光を遮り、地

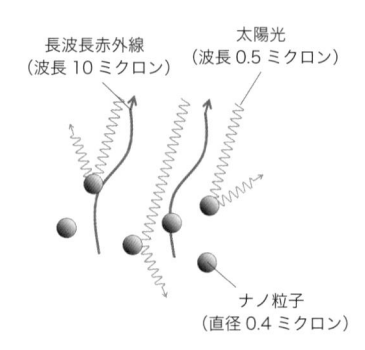

直径0.4ミクロン（1ミクロンは千分の1ミリメートル）の粒子は、太陽光を散乱しますが、地球から放射される長波長赤外線は、透過します［2］。

ベクトル2　地球環境問題の熱科学

球の温度が低下したために、一説では天明の大飢饉とフランス革命のきっかけとなる冷害が起きたと考えられています。

　私たちの研究グループでは、高度30キロメートルの成層圏にナノ粒子を分散させて、太陽光を少しだけ遮ることを研究しています。

実験装置全体図　　　通常状態の可視画像　　　通常状態の赤外線画像

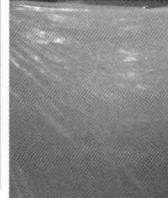

マイクロ粒子の散布　　粒子層を透過した　　　粒子層を透過した
　　　　　　　　　　　可視画像　　　　　　　赤外線画像

波長0.5ミクロンの光に反応する可視光カメラは、微細粒子があると光の散乱のために、何も見えなくなりますが、10ミクロンの長波長赤外線を検知する赤外線カメラでは、赤外線が微粒子を透過して、ヒトの形を検知できます [1]。

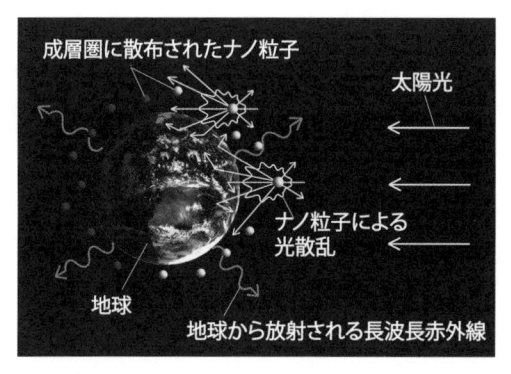

成層圏に散布されたナノ粒子　　太陽光
ナノ粒子による光散乱
地球　　地球から放射される長波長赤外線

直径1ミクロン以下のナノ粒子を成層圏に分散することができれば、地球に到達する太陽光を減少させて、地球の温度を下げることができます [2]。

この粒子によって、二酸化炭素排出を削減しなくても、地球の温度を下げることができます。推算では、直径450ナノメートル（1ナノメートルは百万分の1ミリメートル）の大理石の細かい粉を、3千万トン成層圏に散布すると、地球の温度を約3度下げることができます［2］。そのためには、10トンの粒子を積んだ飛翔体を、世界100カ所から1時間に1回程度打ち上げると、ナノ粒子を成層圏に留め続けることが可能です。

　この手法は、人類が二酸化炭素の排出削減ができなかった場合の、最終手段です。失敗すると、「核の冬」と呼ばれる氷河期に突入する可能性も否定できません。しかし、各地域の気候変動の観測やシミュレーションを注意深く行って実施すれば、不可能な方法ではありません。

（2015.12.1　日経産業新聞　テクノオンライン掲載）

参考文献

［1］YouTube: https://www.youtube.com/watch?v=5X2Tu3In13Q
［2］Maruyama, S. et al., Possibility for Controlling Global Warming by Launching Nanoparticles into the Stratosphere, J. Thermal Science and Technology, Vol. 10, No. 2, (2015).

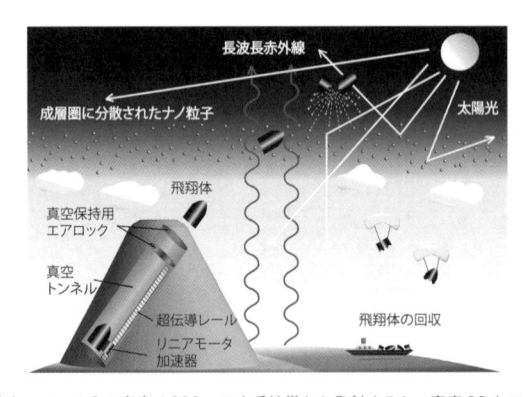

15トンの飛翔体を、マッハ2で高度4,000mの山岳地帯から発射すると、高度30キロメートルの成層圏に、粒子を分散することができます。超伝導マグネットを使ったリニアーモータを用いて、真空トンネル内で、飛翔体を加速します。基礎的な計算では、世界の100カ所から、毎時1回程度飛翔体を打ち上げると、3%の太陽光を遮断できます［2］。

ベクトル——3
福島第一原子力発電所事故と科学・技術

3.1 本当は危ない「絶対安全」
安全神話に潜む本当の危険

　イタリア人は交通信号を守らないと言われます。イタリア南部のナポリの友人は、「赤信号は止まることを単に推奨しているのだ」と言っていました。しかし、交差点で事故を起こすことは、意外と少ないのです。自動車も歩行者も、信号を守らないことを前提にして、注意して渡るからではないでしょうか。日本人は、青信号での横断時に事故に遭うことがあります。信号を守れば絶対安全だと教えられ、無防備に渡るからでしょう。

　技術や工業製品に、「絶対安全」は存在しません。原子力発電所が「絶対安全」であるという前提に立つと、電力会社や政府は、重大な原発事故が発生した場合に、被害を最小限に抑える対策の検討も十分できないことになります。また、重大事故につながる不具合事例を発表できずに、炉心損傷などの致命的事故を起こす可能性も、否定できません。「絶対安全」に「本当の危険」が潜んでいるのです。

　私たちが飛行機に搭乗すると、安全に対する説明や緊急脱出のデモンストレーションが、離陸時に行われます。これは、常に危険が存在することを、乗客・乗務員に喚起することに役立っています。

　世界で初めての英国ジェット旅客機デ・ハビラント・コメットは、胴体の疲労破壊で墜落しました。この事故原因については徹底的な調査と公表が行われ、以後の安全設計に貢献しました。現在は、航空会社の事故や不具合データを、機体メーカーが総括的に蓄積し、それを安全運行に活用しています。また、近年の旅客機は、離陸時のエンジン停止など、重大な事故に備えた二重三重の対策が考えられているのです。

　2004年10月に発生した新潟中越沖地震の後、東京電力柏崎刈羽原子力発電所の直下まで、活断層が伸びている可能性が指摘されています。私たちは、技術が「絶対安全でない」ことを認識し、人類の英知で危険

をコントロールすることによって、便利な社会生活を送っていることを再認識する必要があるのではないでしょうか。また、小さなトラブルの開示や情報の共有化、重大事故発生時の対策を絶えず考えて、「本当の危険」を回避することが求められています。

(2007.7.24　日経産業新聞　テクノオンライン掲載)

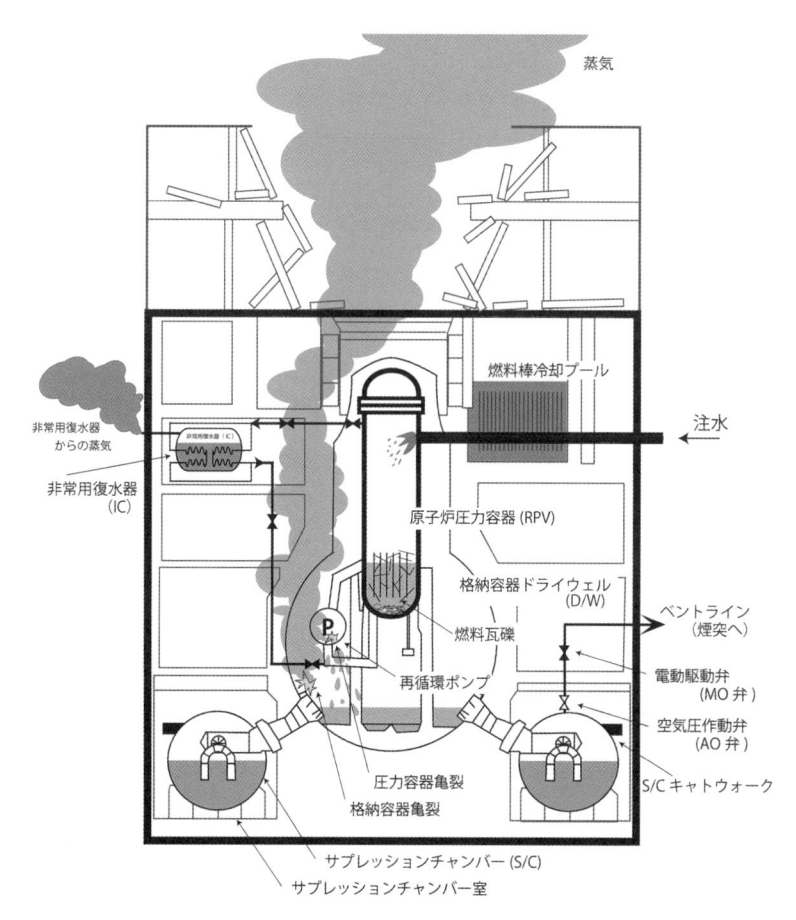

2012年8月当時に著者が推定した福島第一原子力発電所1号機の破壊状況（2011年3月12日16時現在）
　　　　　　　　　　　　　　　　　［圓山翠陵, 『小説 FUKUSHIMA』, 養賢堂, 2012.9］
この本は、福島事故を分かりやすく描いた「ドキュメンタリー」です。本節の記述は上記著書の9頁に記載されています。

3.2 巨大技術の脆弱性
不完全な技術を制御して快適な生活

　筆者は、原発に対して「重大事故発生時の対応策を絶えず考え、本当の危険を回避することが求められています。」と述べました（本書「3.1 本当は危ない絶対安全」(2007年7月24日　テクノオンライン) 参照）。残念ながらこの警鐘は、4年後に現実のものとなり、東京電力福島第一原子力発電所の事故は、2011年11月現在も未だに収束していません。

　原発と火力発電所の破壊・停止のために、日本は未曾有の電力不足に陥り、2011年は暑く不便で暗い夏を過ごしました。何とか大規模停電は回避されましたが、節電キャンペーンにも関わらず家庭のピーク時電力削減は6%に留まりました。節電目標の29%は、企業の生産制限や休日振り替えによって、目標がやっと達成されたのです。結果として、これまで国内で高収益製品を作っていた生産工場を海外にシフトする企業が急激に増大し、日本の産業はまさに沈没しようとしています。電力の安定供給は、先進工業国の生命線なのです。

　長期的展望で原発を全廃するか否かは、これから国民が議論し判断す

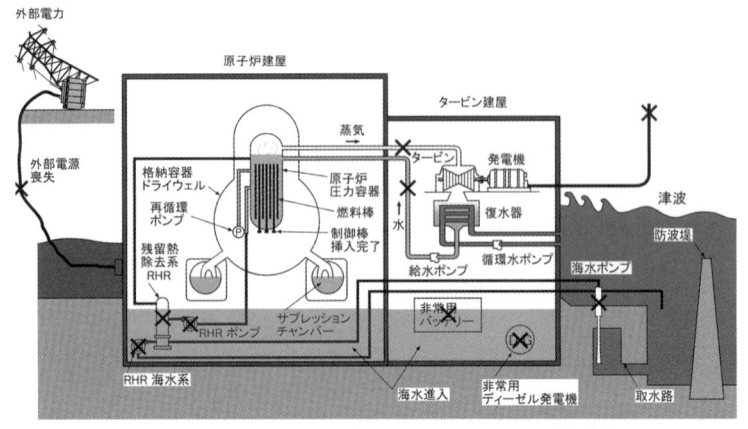

津波直後の福島原発の状況（2011年3月11日16時現在）[2]

べきことです。しかし、全電力の 20 〜 30％ を担ってきた原子力発電所を全機停止させて、その減少分を 1 〜 2 年で再生可能エネルギーに全て置き替えることは、不可能です(脚注1)。エネルギー施設の新設や更新には数 10 年単位の時間が必要なのです（本書「2.6 情報の時間・エネルギーの時間」（2008 年 9 月 9 日　テクノオンライン）参照）。

　筆者は震災直後のライフラインが復旧しない仙台から、原発の公開データを用いて熱流動解析を行い、その破損箇所や大きさの推定、事故の早期収束への提言を行ってきました［1］。その結果は、必ずしも政府や東京電力の発表とは、一致していません(脚注2)。筆者は、事故解析と原発収束の提言を通して、事故に対する原発の脆弱さを実感してきました。

　飛行機に乗るとき、飛行機が絶対墜落しないと思っている乗客は、少ないと思います。しかし、私たちは、原発に対して「絶対安全」を求め続けてきました。結果として、本来危険な原発に対して、重大事故を想定した本格的な訓練や真剣な安全対策の欠如を、黙認する土壌を作ってきたのかも知れません［2］。筆者は、いわゆる原子力ムラの住人ではありません。しかし、原発の重大事故に対する備えが不十分だった当事者の責任はもとより、「絶対の安全と安心」を求め続けてきた私たちの国民感情も、原発事故とは無縁とはいえないと感じています。今回の原発事故は、「絶対安全でない」技術を人類の英知でコントロールすることによって、便利な社会生活を送っていることを、再認識する機会でもありました。

（2011.11.8　日経産業新聞　テクノオンライン掲載）

参考文献
［1］福島第一原子力発電所事故の熱解析と収束プランの提案 http://www.ifs.tohoku.ac.jp/maru/atom/index.html
［2］圓山翠陵 , 小説 FUKUSHIMA, 養賢堂 , p. 26, p. 235, (2012).

（脚注 1）2012 年度の再生可能エネルギーは全体の 5％ で、2015 年現在もさほど伸びていません。
（脚注 2）その後の測定結果から、いくつかの修正がありますが、筆者の推定が概ね正しいことが明らかになっています。

3.3 安全と安心は同じだろうか？
情報があれば危険も安心

　私たちがよく使う言葉で、「科学技術」を考えてみましょう。本来、科学（サイエンス）と技術（テクノロジー）は、異なる意味です。近代文明では、科学と技術がお互いに補完して発展してきたため、両者が同等に扱われるようになってきました。科学と技術を同時に輸入した日本では、「科学技術」という言葉が一般的に使われています。しかし、ヨーロッパの大学の先生方の言動から、欧米では、未だに科学と技術は同等に認識されていないように思われます。

　福島第一原発事故の後で、「安全安心」が科学技術の解決すべき課題として注目されています。安全と安心は、本来全く異なる考え方だと筆者は考えます。

　草原で草を食べているシマウマは、遠くにライオンがいても逃げませ

動物園のトラをガラス越しに見ている子供（2015.8 撮影）
トラは本来危険な動物ですが、ガラスという安全な隔壁があることを知っているので、間近に見ることができます。ガラスが安全だということを知らなければ、こんなに近寄れません。しかし、これらの安全設備は「絶対安全」ではないので、世界中の動物園ではいくつかの事故が起きています。

ん。しかし、自分の安全を脅かすライオンの仕草や行動に、常に注意を払っています。ライオンは、シマウマにとって危険ではありますが、遠くにいるときは、安心して食事ができるのです。

　フランス出張の帰り、シャルル・ドゴール空港から筆者が乗った飛行機の、二つあるエンジンの一つが、離陸時に停止しました。「エンジントラブルのため、燃料を海上に捨てて空港に戻る」という、パイロットからのアナウンスがありました。しかし、エンジンが一つ止まったことは、告げられませんでした。飛行機の飛び方が変なので、客室乗務員にエンジン停止を確認したら、急に不安そうな表情を浮かべ「はい」と答えていました。それを聞いた隣の乗客が、「本当ですか」と不安そうでした。着陸の時は、映画の「ダイハードⅡ」さながらに、緊急車両が滑走路に整列して、私たちを待っていました。空港は、このとき閉鎖されていたのでしょう。

　こんな状態でも、筆者は、いたって安心していました。なぜなら、旅客機は離陸時にエンジンが一つ止まっても離陸できることや、パイロットは、エンジンが止まったときの飛行や着陸は十分訓練していることを、知っていたからです。エンジンが一つ止まった飛行機は、「安全」ではありません。しかし十分な情報を持っていることによって、「安心」することができたのです。

　私たちは、究極の安全と安心を原発に求めたために、虚構の安全に惑わされ、原発事故で住民と日本を危険な状態に導いたと、言えるのではないでしょうか。放射能は危険ですが、情報が十分開示・伝達されないために、いたずらに不安になってしまいます。解明されない事実まで含めた情報が住民に十分提供されれば、もっと安心して危険と向き合うことができるのではないでしょうか。

（2013.4.26　日経産業新聞　テクノオンライン掲載）

3.4 空気を読む日本人
あまり読み過ぎると大事故の原因

　2011年の3月と4月は、東日本大震災で被災した仙台で、不便な生活を過ごしました。震災直後、人々が略奪もせず少ない物資に辛抱強く並んでいる情景が、世界で絶賛されました。日本人は、列を乱して途中で割り込むことが、ほとんどありません。

　筆者の住んでいる仙台市郊外では、バス停に列ができないことが多いです。しかし、みんな来た順番をチェックしていて、先に来た人が乗るまで待っています。日本人はルールを守るだけでなく、その場の空気を読んで秩序を守る民族のようです。これは、野菜を買った人がお金を置いていく無人野菜販売所や、「棒杭にも嘘をつかない」と言われた上杉鷹山(脚注)の米沢藩にも、通じているのかも知れません。

仙台市郊外の住宅の隣に設置された、無人野菜販売所と料金箱 (2015.5 撮影)
朝採りの新鮮な野菜などを一袋百円で売っています。買った人は、料金箱にお金を入れていきます。この販売所では、残念ながら約2割の人は、正しい代金を払わないそうです。でも、8割の人がちゃんと代金を払っています。

日本人は、会議中でも空気を読んでいます。会議の雰囲気を読んで、議事の流れに逆らった意見を言いにくい雰囲気があります。主催者が用意したシナリオと、根本的に異なる意見は嫌われます。特に、国や自治体、大企業が関係する委員会や会議で、この風潮が強いと考えるのは筆者だけでしょうか。

　以前、宇宙関連の技術委員会で、装置の根本的な欠陥を指摘したら、二度とその委員会出席の依頼は来なくなりました。若者でなくても、KY（空気が読めない）は嫌われるのです。しかし、審議や審査をする場合、対象とするものが安全使用や本質的な機能を果たせない場合は、会議主催者が想定する議事進行を変えても、議論すべきです。残念ながら、多くの出席者は、シナリオに沿った補足的な意見は言っても、本質となる問題点は指摘しにくいようです。

　このような、空気を読む日本人の会議が、原発の本質的な安全性の欠陥を見逃す温床となっている可能性はないでしょうか。委員会や制度を整備しても、私たちの「空気を読む」姿勢が、国の重大決定や安全審査において、本質的な議論を妨げることを心配しています。

　ある学会の委員会の打ち上げで、筆者は、1人1個ずつ割り当てられた中華料理の小籠包（しょうろんぽう）を2個食べてしまい、最後の方が食べられませんでした。この空気を読まない筆者の行動が、同僚の先生方にからかわれ、いまだに会合の場を盛り上げています。筆者のような、空気を読まないものが、指摘する資格はないのかもしれませんが。

（2012.5.8　日経産業新聞　テクノオンライン掲載）

（脚注）上杉鷹山（1751-1822）は、新産業を起こし米沢藩（山形県）の財政立て直しをするなど、善政を敷いた名君です。鷹山公の時代、杭などに商品をつるして販売していました。無人でしたが、誰一人として盗む人がいなかったといいます。

3.5 原子炉の汚染水拡散を止める方法
汚いものは元から断たなきゃダメ

　東京電力福島第一原子力発電所（原発）の汚染水漏洩が、問題となっています[脚注]。原子炉建屋地下に流入する地下水によって、増え続ける汚染水を貯めるタンクの汚染水漏洩と、地下水が海に流れ出ることによる海洋汚染に対して、東京電力（東電）と政府は、抜本的な対策を打ち出せないでいます[脚注]。

　この原発は、なぜか、地表近くの地下水が阿武隈山系から海に流れ出る場所に建設されました。いわば地下の川の中に、原発は建設されているのです。その地下水位が原発建屋内の汚染水水位より高ければ、地下水は原発に流入します。海側に地下のダムを造って、地下水の流入を止めようとすれば、地下水位が上昇してダムを乗り越えます。地下水の動きは、ごく当たり前の物理現象なのです。

　これらの事象に対して、東電は、場当たり的な対処療法しか行って

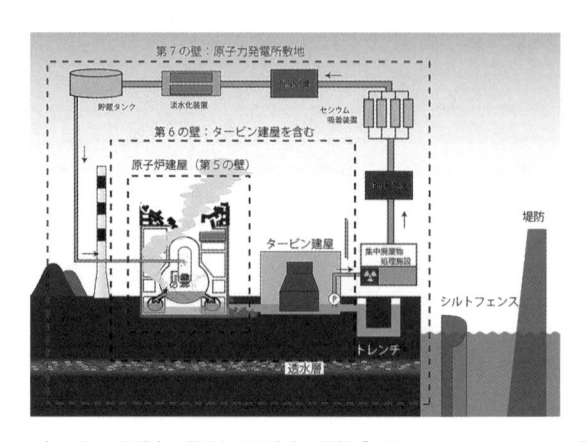

2011 年 8 月 18 日現在の原子炉と汚染水の現状　[HTC Rep.21.1, 2011/08/18]
当時、汚染水をタービン建屋から汲み出し、まずその水を除染したその後で脱塩し、きれいにした水を炉心に注水しています。この時の配管は 4km に及びました。この現状は、現在（2015 年）と大きく変わっていません。筆者は、原子炉建屋内で汚染水を循環する手法を提唱しています [3]。

いないように見えます。例えば、心筋梗塞で背中や肩が痛いと訴えた患者に、湿布薬を処方するようなものです。間違った治療をされた患者は、手遅れで死亡します。

　筆者は事故直後から、地下水遮水の重要性について訴え続けて、その提言をホームページで公開してきました［1］。東電は、図に示すような循環注水冷却装置によって、タービン建屋地下に溜まった汚染水の放射能を取り除き、さらに水道水並みの塩分に下げて、一番汚染されている原子炉に注入しています。東電は、管路が4kmに及ぶこの汚染水の大循環のために、管路からの汚染水漏洩や建屋に流入する地下水に悩まされています。汚染水の増加と、その貯蔵タンクによる汚染水漏洩も、原因はこの大循環なのです。

　2013年9月現在の原子炉の発熱量では、原子炉建屋の汚染水を除染せずに建屋内で巡回させるだけで、炉心を冷却できます。そうすれば、原子炉建屋の地下を隔離するだけで、汚染水流出や汚染水の増加が止められることになります。さらに、タービン建屋の解体にも、目処が立ちます。

　汚染水の大循環は、肥だめの水を飲料できるまで浄化して、また肥だめに戻すことと同じです。筆者は2011年6月20日の提言［2］で、仙台のタクシー運転手さんでも不思議だと言っていた汚染水大循環をやめて、汚染水の直接循環冷却と原子炉建屋地下の遮水を行うべきだと提言しました。汚いものは元から断って、抜本的な汚染水対策を実施すべきではないでしょうか。

（2013.9.10　日経産業新聞　テクノオンライン掲載）

参考文献

［1］http://www.ifs.tohoku.ac.jp/maru/atom/HTCRep/HTCRep.10.2.pdf
［2］http://www.ifs.tohoku.ac.jp/maru/atom/HTCRep/HTCRep.19.1.pdf
［3］http://www.ifs.tohoku.ac.jp/maru/atom/HTCRep/HTCRep.29.1.pdf

（脚注）この問題は2015年5月現在も解決していません。

3.6 津波や活断層より怖い戦争とテロ
福島原発事故は運転員がいたので止まった

　1966年に日本で放映された英国のテレビ番組「サンダーバード」を、久しぶりに見ました。これは特撮を駆使した人形劇で、飛行機も原子力で動く未来を描いています。ストーリーは、原子炉がテロリストに襲撃されて破壊するというものです。最初は軽微と思われた事故が、どんどん深刻になっていく原子炉破壊の過程も、福島原発の事故と似ていました。この番組放映の頃、福島第一原子力発電所1号機の建設準備が進められていたのも、興味深く思われます。

　原発にリスクを与える自然災害を考えると、東日本大震災と同じ規模の貞観地震と津波が起きたのは、約千百年前の869年でした。原発の再起動で議論されている活断層は、過去数十万年以降に動いた断層を対象

フランスの Bugey（ビュジェイ）原子力発電所の冷却塔から放出される水蒸気（2013.6撮影）
2001年9月11日に航空機攻撃を受けた、ニューヨークの高さ417mの貿易センタービルと異なり、原子力発電所は低層建物なので、航空機での直接攻撃は困難です。この写真では、原子炉建屋は森に隠れて見えません。航空機攻撃より、テロなどの地上攻撃の危険性が高いと考えられます。

としています。一方、貞観津波が起きた後の千年前から今日まで、日本は多くの戦争や内戦を経験してきました。千年間、戦争も内戦も起きていない世界の主要国を、筆者は知りません。これにテロの可能性を加えると、人的要因の原発リスクは自然災害よりはるかに大きいのです。日本は戦後約 70 年の平和を甘受していますが、日本に戦争や内戦が永遠に起こらないと考えるのは、原発の「絶対安全」や「安全神話」を信じることと同じではないでしょうか。新興国では、テロや戦争のリスクは、先進国に比べて、さらに高いのです。今後、そのような国に原発が建設されると、原発破壊と放射線汚染のリスクを、世界が負うことになります。

原子力規制委員会が検討している「発電用軽水型原子炉施設に係る新安全基準骨子」では、テロリストが航空機で原子炉建屋を直撃することに、重点が置かれています。しかし、戦争・内戦・テロによる地上部隊の破壊活動は、航空機で原子炉建屋を直撃するより、ずっと簡単なのです。

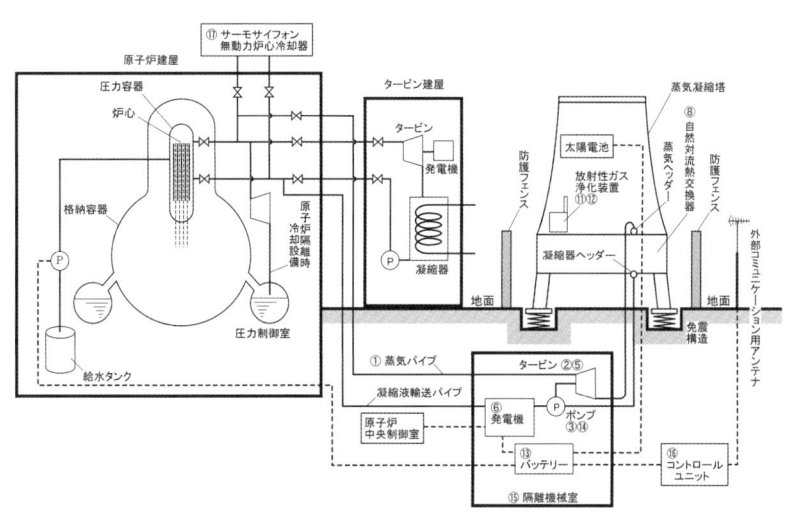

無動力原子炉冷却システム [2],[3]
福島原発事故の直前（2010 年 7 月）に、放射能を除去し自家発電ができる免振重要棟が完成しました。この施設があったので、吉田所長をはじめとする作業員が原発にとどまり、事故を収束できました。もし、作業員がいなかったら事故の被害は、もっと大きくなっていたと考えられます。筆者は、運転員が退去し外部電力や水がなくても、長期間原子炉を冷却できるシステムを提案しています [2],[3]。

筆者は、事故当初から福島原発の現状予測と早期収束の提言を行い、ホームページで公開してきました［1］。その解析でわかったことは、いくつかの幸運と、故吉田昌郎元所長をはじめ、現場作業員が原発にとどまったために、事故を限定的に押さえることができたことです。もし、事故直後に作業員がいなくなったら、日本は、もっと破滅的な打撃を受けていたかもしれません。

　現在の原発は、運転員がいることによって、安全を維持することを前提に設計されています。しかし、戦争やテロで外部電源が遮断され、原発の運転員が長時間拘束されると、正常な原発でも福島原発と同じ状態になります。今回の福島原発事故は、この原発の脆弱性を世界のテロリストたちに知らせてしまいました。筆者は、運転員がいなくても原子炉を安全に休眠状態にするシステムを、提案しています［2］,［3］。

　2013年7月の参議院選挙で、事故当時の与党である民主党が惨敗し、自民党が大勝しました。2013年10月に、安倍晋三首相は、トルコと原発建設に合意し、原発ビジネスを世界に展開しようとしています。新興国のエネルギー供給は、これからも深刻なのです。日本が世界の原発建設に直接関与してもしなくても、福島の事故教訓を生かしてより安全な原発開発と運用に寄与することは、日本の責務だと考えます。

（2013.8.23　日経産業新聞　テクノオンライン掲載）

参考文献

［1］福島第一原子力発電所事故の熱解析と収束プランの提案, http://www.ifs.tohoku.ac.jp/maru/atom/
［2］円山重直, 無動力原子炉冷却システムの提案, エネルギー eye, Vol. 57, pp.33-36, (2011).
［3］特許第5842218号, 無動力原子炉冷却システム．

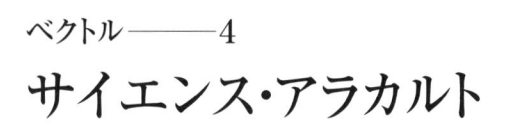

ベクトル──4
サイエンス・アラカルト

4.1 機械が「ひと」になるとき
コンピュータが人格を持つ時代へ

　筆者が所属する東北大学では、1月と2月に大学院生の論文審査会が開催されます。博士課程や修士課程の学生が、これまでの研究成果を集大成し、それが学位論文として相応しいか、教員が審査するのです。学位論文の最後に謝辞が書かれることがあります。そこには、恩師の指導や先輩の助言・助力に対する感謝の言葉が記されます。最近では、欧米の論文や著書のように、卒業まで支援してくれた家族への感謝が書かれることもあります。

　工学の研究の中には、コンピュータを使っていろいろな流れをシミュ

スマートフォンと会話する
（2015.6作成、図中のディスプレイは合成画像です）
今や、スマートフォンなどの携帯端末は、欠かすことができません。これは、いろいろな情報を教えてくれるだけでなく、話しかけると返事をしてくれる機能も組み込まれています。まさに、機械に人格が形成されてきているようです。

レーションして、実際の物理現象の推定や最適化設計を行うものがあります。それに使用するワークステーションなどのコンピュータは、ニックネームを付けて運用されることが多いのですが、2010年度の修士論文で、コンピュータのニックネームへ謝辞を書く学生がいました。

以前は、コンピュータセンターなどの組織や、そこに所属する職員への謝辞は見られましたが、あくまでもコンピュータは機械であり、機械そのものが感謝の対象とはなり得なかったのです。このように機械を擬人化して、それ自体に謝辞を書いた例は初めてでした。まさに、機械を「ひと」として扱い、それに感謝しているのです。

情報機器は、ますます我々の身近になり機能も高度に進化しています。若者にとって、携帯電話は親友以上に重要な仲間になっているのでしょう。最近では、携帯電話を擬人化したCMも放送されています。このようなCMが私たちに受け入れられる背景は、人間も動植物も自然界の一員であるという、仏教を代表とする東洋の世界観が影響しているのかもしれません。今回は、「ひと」と同等となる対象が、生き物だけでなく人工物に及んできていることが大きな変化なのです。

鉄腕アトムはロボットですが、物語では人格をもった「友人」として描かれています。情報機器やコンピュータやロボットの進化を見ていると、機械も人格を持った「ひと」として認識される時代が来るのは意外と早いのかもしれません。

私たちと同様の「人格」を持った機械が「ひと」として存在する世界は、どのようになるのでしょうか。

（2011.3.4　日経産業新聞　テクノオンライン掲載）

4.2 口笛とロケットノズル
音より早い流れの不思議

　口笛を吹くとき、唇をすぼめて空気が勢いよく吹き出すようにして、音を出します。スペースシャトルやH2ロケットのノズルを注意深く見ますと、ノズルは出口に向かって広くなっています。なぜ、口笛のように、先が細くなっていないのでしょうか。

　口笛を吹くときのように、口の中に貯まった圧力の高い空気を高速に吹き出すには、出口が細くなった先細ノズルが必要です。消防車の放水や、庭で水道の水を勢いよく飛ばすときにも、先細ノズルを使います。しかし、ロケットエンジンの噴射のように、流れが音の速度つまり音速より速くなると、流れの様子は大きく変わります。先細ノズルでは、流れは音速より速くなりません。音速より速い流れを作るには、ノズルを徐々に広げてやる必要があります。そのため、ロケットノズルでは、吹き出し口がつり鐘のような形の末広ノズルになっています。

　筆者がこの現象を初めて知ったのは、小学校高学年の時です。子供用の科学百科事典で、蒸気の力で船を動かす蒸気タービンが動く原理を

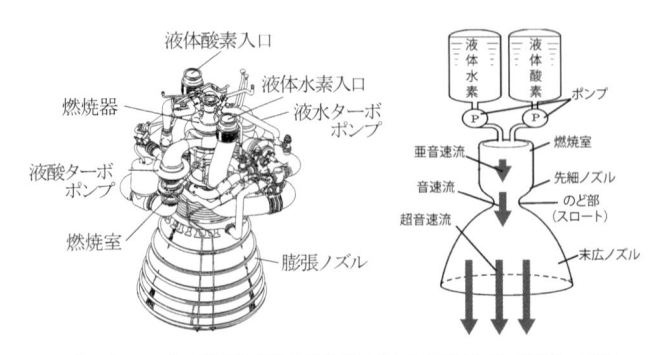

ロケットエンジン（左図）[2] に取り付けられた末広ノズル（右図）の流れ
H2ロケットに付いているLE7エンジンは、水素と酸素を燃やして高圧のガスを作ります。この高圧ガスを、ノズルで加速して噴射します。最初は先細ノズルで音速まで加速し、その後、末広ノズルで超音速に加速します。

説明してありました。そこには、「音速より速い流れでは末広ノズルを使う」と書いてありました。先細ノズルは、自分で口笛を吹いて実感できたのですが、出口を広げると速くなる流れは、どうしても理解できなかった記憶があります。この理由がわかったのは、大学4年生のときに気体力学という科目［1］を学んでからでした^(脚注)。

　子供の頃に不思議だと思うことが、ずいぶん後になってやっと理解できることがあります。また、子供の頃の思いつきが、大人になって大きな発見や新しい発想につながることも多いように思います。私たちは、子供たちの疑問や新しい考えを、頭ごなしに否定しないで、将来に向けて育てたいものです。

（2003.11.17　河北新報　プリズム掲載）

参考文献

［1］Liepmann, H. W. and Roshko, A., Elements of Gasdynamics, John Wiley & Sons. Inc., pp.39-61, (1957).
［2］日本機械学会，JSMEテキストシリーズ『熱力学』，丸善，pp. 38-39,（2002）．

（脚注）現在は、この科目は大学院で教える場合が多いようです。

4.3 ジェットの力
ロケットは物を投げて宇宙に行く

　皆さんが走ったり飛んだりするとき、足で地面を後ろに蹴ります。筆者が子供の頃に熱中した万能ロボットの鉄腕アトムは、足や手からジェット噴射して空を飛びますが、地面を蹴ってはいません。ロケットが宇宙に行くと、真空の宇宙では蹴る物がありません。では、ロケットはどのようにして飛ぶのでしょうか。

　ロケットは、高速のガスを後ろに向けて噴射しています。このように、質量つまり重さのある物を後ろに投げ出すと、その反動で前方向に進む力が発生します。ロケットは、発射時の重量の大半が燃料です。それを燃焼させて高速の噴流（ジェット）を吹き出す反動（反作用）で前に進む力（推力）を得ているのです。つまり、ロケットは、燃料を高速で捨てることによって、宇宙のような真空中でも飛行できるのです。

　宇宙飛行の原理は、約百年前にロシアの科学者ツィオルコフスキーが考えました。後に、アメリカのゴダードが宇宙を飛行するロケットの原

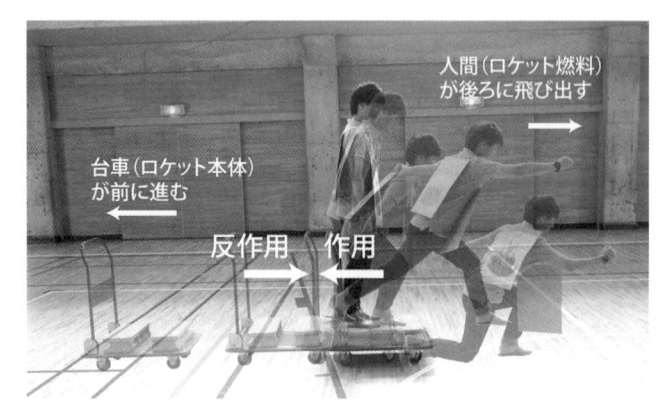

ひとが台車から飛び降りたときの作用反作用（2015.7 作成）
ひとが台車から飛び降りると、それと反対方向に台車が動き出します。ロケットの場合は、燃焼ガスを後方に噴射させ、その反作用で前進します。

理を説明したときに、ニューヨークタイムスが「ロケットは真空中を飛べるわけがない」という記事を書いたぐらいですから、皆さんがこの原理を不思議に思っても当然かもしれません。

　ロケットは、空気が無い宇宙を飛びますから、燃料を燃やすのに必要な酸素も持って飛行します。ジェット機のジェットエンジンは、空気を吸い込みますが、ロケットと同様に、燃焼ガスを高速で噴射するジェットの反作用で前進します。ペットボトルの水ロケットは、水を噴射する反作用で飛ぶのです。

　ジェットエンジンは、第二次世界大戦中にイギリスとドイツで開発されました。日本でも大戦が終わる直前に、ジェットエンジンの開発に成功しています（本書「5.3 日本で最初のジェットエンジン ネ20」参照）。日本で初めてのジェットエンジンの設計には東北大学流体科学研究所（当時は高速力学研究所）が大きく貢献しています。

（2003.11.3　河北新報　プリズム掲載）

ペットボトルロケット発射の瞬間（2013.10 撮影）
ペットボトルロケットは、ボトル内の空気圧で水を高速に噴射し、その反動で飛びます。この原理は、高速の燃焼ガスを噴射して飛ぶ本物のロケットと同じです。

4.4 意外に近い宇宙の入り口
新幹線でたったの26分

　宇宙は、どんなところにあるのでしょうか。それは、意外に身近なところにあるのです。銀河の果ては、光でも十万年もかかる遠方です。一方、私たちが宇宙空間として認識しているのは、空気がほぼ無くなる地上から100キロメートルぐらいからでしょう。

　スペースシャトルは、高度300キロメートルの上空を飛んでいます。この高度は、水平距離で仙台－東京間の距離にすぎないのです。宇宙の入り口である高度百キロメートルは、仙台と福島県郡山市との距離しかありません。銀河鉄道999のように、もし空中に線路をひくことができれば、新幹線でも30分足らずで宇宙の入り口に到達できるのです。

　通信衛星を使った国際通信や衛星放送、気象衛星による天気予報、カーナビゲーションシステム、地球の資源探査から作物の生育調査まで、宇宙で使われている技術は、私たちの生活に欠くことのできない身近な

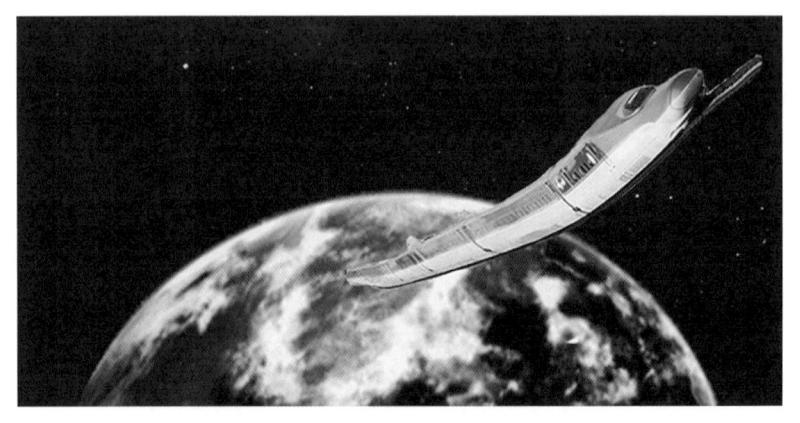

**宇宙の入り口に到達するために、
銀河鉄道999のように新幹線「はやぶさ」に乗ったら**
宇宙の入り口にあたる上空100kmは、ちょうど仙台と福島県郡山間の距離と同じで、東北新幹線「はやぶさ」で26分しかかかりません。ただし、「はやぶさ」は郡山に止まらないので通過してしまいますが。

ベクトル4　サイエンス・アラカルト

ものになっています。
　宇宙の存在は、私たちの生活に密接なだけでなく、科学・技術の発展にも貢献しています。その一つに、宇宙飛行士の毛利衛さんや、向井千秋さんがスペースシャトルで活躍した、宇宙で行う科学実験があります。地球を回っている宇宙船や人工衛星では重さがありません。重さのない空間で行った実験が、宇宙実験の主なものとなっています。
　実際、スペースシャトルの衛星軌道のある高度300キロメートルで、物体に働く重力は、地上と同じくらいの大きさです。しかし、音速の23倍の高速で地球の周りを回っているスペースシャトルは、遠心力と重力が釣り合って、見かけ上では重さのない空間ができるのです。スペースシャトルの高度では、ごくわずかに空気が存在するので、その抵抗でほんの少しだけ重さが存在します。このような状態を微小重力環境といいます。

（2003.10.20　河北新報　プリズム掲載）

77

4.5 地上で作る小さな宇宙
微小重力環境は現象のびっくり箱

　宇宙の特徴の一つに微小重力状態があります。宇宙飛行士の毛利衛(もうりまもる)さんが活躍したスペースシャトルでは、物質の重さがほとんどなくなり、皆さんの体重が割り箸一膳ぐらいの重さになります。物質の重さが無くなると、地上では見ることのできない様々な現象が現れます。この微小重力環境が、宇宙実験を行う上で重要になります。

　私たちが生活している地上では、重力が働いているため、暖められて軽くなった水や空気が浮き上がる、自然対流という現象が生じます。これは、鍋でお湯を沸かすときに生じる、身近な現象です。もし、重さがない状態で鍋に水を入れて火で加熱すると、鍋底の水が急激に沸騰して蒸気が発生するために、水が吹き出してしまうでしょう。

　対流が生じない宇宙環境では、地上では見ることのできないいろいろな現象が現れます(脚注)。流れが生じない状態で、医薬品やタンパク質などの結晶を作ると、良質で大きなものを作ることができます。流れの

ジェット機を用いた微少重力実験
飛行機がジェットコースターのように放物形の飛行をすると、約 20 秒の微小重力環境が生まれます。写真は、筆者が微小重力環境で浮遊しているときのものです。

ない状態で、結晶成長の様子を詳しく観察することもできます。地上では、重い液体と軽い液体が水と油のように分離します。しかし、微小重力環境では、容易に混ぜることができるので、特殊合金などの新しい材料を作ることも可能です。

　このような微小重力環境は、宇宙だけではなく地上でも実現することができます。例えば、小さな箱を持って床に落とすと、箱が手から離れて床に衝突する瞬間まで、箱の中は微小重力環境になります。飛行機がジェットコースターのように放物飛行をすると、飛行機の中は重さを感じません。このように、地上で小さな宇宙環境を作ることが可能です。私たちのグループでは、ジェット機を使った約20秒の微小重力環境で、熱や物質などがどのように伝わるかを研究しています［1］。

（2003.10.27　河北新報　プリズム掲載）

参考文献
［1］Maruyama, et al., Journal of Crystal Growth, Vol.245, pp. 278–288, (2002).

（脚注）2015年に、国際宇宙ステーションにお酒を持ち込み、対流の生じない状態で、お酒の熟成を調べる実験がサントリーと筆者らのグループで始まりました。

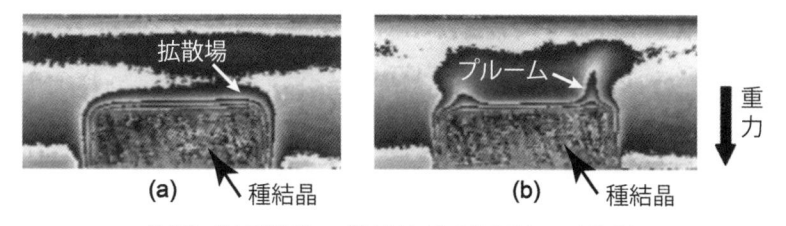

航空機の微小重力環境での結晶成長（a）と通常重力での実験（b）
20秒の微小重力環境で溶液中の塩の結晶成長を、光の干渉を使って観察しています［1］。微小重力では、重力による対流が発生しませんが、地上では高さ0.7ミリメートルの小さな結晶の周りでも、プルームと言われる対流が発生します。

4.6 温故知新の最先端技術
複葉超音速機への挑戦

　飛行機が音の速度つまり音速よりはやく飛ぶと、ソニックブームという圧力の波が発生します。世界で初めて実用化された英国製超音速旅客機コンコルドは、衝撃波によるソニックブームと空気抵抗の増加を克服することができず、2003年に運行を終了しました。コンコルドの超音速飛行を終了した時のちょうど100年前に、ライト兄弟が初めて動力飛行に成功しました。ライト兄弟の飛行機と同じ複葉機で、ソニックブーム問題を解決することが可能なのです。世界で初めての複葉超音速機への挑戦が、東北大学を中心とした研究グループで行われています。

　小さなボートに乗っているとき、船がそばを通ると大きな波で揺れることがあります。音速以上の速度で飛ぶ航空機も、同様な圧力の波を発生します。これが衝撃波です。衝撃波が地上に達すると、ソニックブームとなり、大きな騒音と圧力で窓硝子などが壊れることがあります。

東北大学流体科学研究所が提案している超音速複葉機「みそら」
(東北大学　大林茂教授提供)
上下の翼がお互いに干渉することによって、音速の1.5倍で飛んでも、衝撃波を小さくすることができます。この飛行機が実用化されると、今までのジェット旅客機の半分ほどの時間で、目的地に到着できます。

ソニックブームのために、コンコルドは地上の居住地域での超音速飛行ができませんでした。また、超音速飛行で発生する衝撃波のために抵抗が大きくなり、燃費が悪いことも、超音速旅客機の実用化に大きな障害となっていました。

　ドイツの研究者ブーゼマンは、上下の翼が干渉し合い衝撃波を発生しない複葉超音速機が、原理的に可能であることを1930年代に提唱しています［1］。さらに、超音速飛行時の抵抗も軽減できるのです。しかし、この提案は、実際の超音速機に採用されることはありませんでした。いま、スーパーコンピュータを使った3次元シミュレーションや、超音速ながれを実現できる実験装置を使った研究の結果、複葉超音速機は、ソニックブームと抵抗を大幅に低減できることが明らかとなっています。この複葉超音速機が実用化されると、従来のジェット旅客機の約半分の飛行時間で、目的地に到着することができるのです。

　現在は、実用化に向けて低速で飛行するときの揚力増加、超音速飛行に移行するときの抗力の低減など、より具体的な問題に対して研究が行われています。この原理は70年以上前に提唱されていますが、これに関する研究は、日本のグループが最先端を進んでいるのです。日本の航空宇宙技術は欧米に追随しがちですが、このような日本独自の提案が世界に注目されようとしています。

（2008.3.4　日経産業新聞　テクノオンライン掲載）

参考文献

［1］Liepmann, H. W. and Roshko, A., Elements of Gasdynamics, John Wiley & Sons. Inc., pp.115-118, (1957).

4.7 濃度百万分の1（ppm）の話
ほんのわずかな量に見えますが

　ビールのアルコール度数が5％、ウイスキーの度数は40％というように、気体や液体の濃度を表す指標として、％（パーセント）を使います。空気には、酸素が21％含まれています。もっと微量な物質の濃度を表すときには、ppm（ピーピーエム）という単位を使うことが多いです。これは、百万分の1を表す英語（part per million）の頭文字をとった言い方です。人体に有毒な一酸化炭素は、1,500ppm以上の濃度の空気中に1時間以上いると、死に至ることがあるといいます。

　では、このppmが、どのくらいの大きさなのか考えてみましょう。長さで考えた1 ppmは、1キロメートルの長さに対して1ミリメートルの割合です。とても小さい割合であることがわかります。これを面積で考えると、どうなるでしょうか。1 ppmは、1平方メートルに対して1平方ミリメートルです。つまり、直径2 mmの爪楊枝（つまようじ）の断面積は、1坪（3.3平方メートル）の面積に対して約1 ppmの大きさですから、これも小さな値であることがわかります。

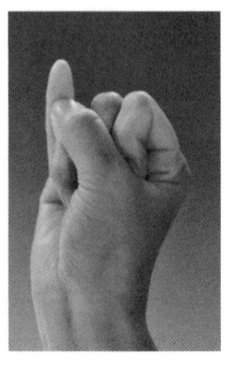

家庭用風呂と1ミリリットルに相当する指先の大きさ（2015.7撮影）
指先ほどのウンチを風呂に溶かすと、約5 ppmの濃度になります。はたして皆さんは、この風呂に入ることができるでしょうか。

82

気体や液体の濃度は、体積割合で考えることが多いので、体積で1 ppmを考えてみましょう。この場合、1立方メートルに1立方センチメートル、つまり1ミリリットルです。このくらいになると、1 ppmはあまり小さな値ではありません。つまり、濃度で考えたppmは、決して微量ではないのです。

家庭用風呂には、約200リットルのお湯が入ります。このお湯に1ミリリットルの不純物を入れると、濃度は5 ppmとなります。では、皆さんの目の前で小指の先ほどのウンチを入れてよくかき混ぜてから、「この風呂にはウンチが5 ppm入っていますが、無害なので入ってください」と言われて、風呂に入ることができるでしょうか。

アメリカのオリンピック競泳選手マイケル・フェルペスが、練習中にプールの中でオシッコをしていると、2012年に告白して話題になりました。このとき、よく攪拌されていれば、フェルペスのオシッコの濃度は0.2 ppm以下なので、衛生上は問題ありません。まして、放出したばかりの尿は、飲めるほどきれいです。しかし、やはり気分のいいものではありませんね。

2015年5月に、大気の二酸化炭素濃度が、400ppmを超えたと報じられました。これは、1立方メートルの空気中に、500ミリリットルのペットボトル8分目の二酸化炭素が、含まれていることになります。1900年頃の二酸化炭素濃度は300ppm程度だったので[1]、人類は、化石燃料などの燃焼によって、大気1立方メートル当たり100ミリリットルの二酸化炭素を増やしたことになります。

参考文献

[1] 日本機械学会, JSMEテキストシリーズ『熱力学』, 丸善, p. 1, (2002).

4.8 ジェットエンジンの効率
日本経済の復興に向けて

　筆者は、大学の「熱力学」という科目の中で、機械工学の学生にジェットエンジンのしくみを教えています。皆さんが乗る旅客機などに使われているジェットエンジンは、吸い込んだ空気を圧縮した後で、燃料を燃焼させてジェット（噴流）として吹き出し、推進力を生み出す装置です。この時、吸い込んだ空気の圧縮率が大きいほど、燃費の良いエンジンができます。空気を圧縮するためにはパワーが必要です。図に示すように、そのパワーはジェットを噴出する前のエネルギーを使い、タービンで圧縮機を動かします。つまり、ジェットエンジンは、ジェットで噴出するエネルギーのほかに、エンジン内部でエネルギーを循環させることによって、高効率のエンジンを実現しているのです。

　筆者は、経済学の素人ですが、このエネルギーの流れを社会経済に置き換えると、同じことが言えるのではないでしょうか。つまり、食べ物

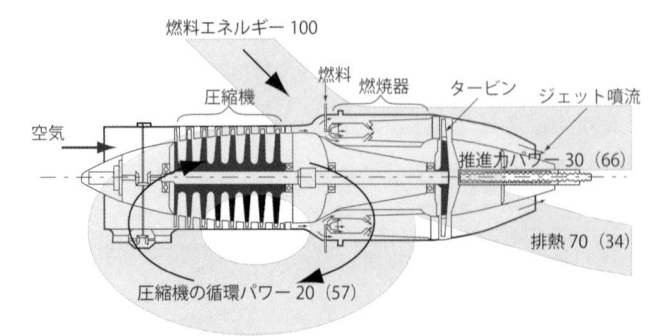

日本初のジェットエンジン ネ20 のエネルギー収支
（ ）は最新のジェットエンジン GE90-115 B の値

ジェットエンジンの燃料エネルギーを 100 としたときの各機器へのエネルギーの流れ
日本で最初の「ネ20 ジェットエンジン」と、最新のジェネラル・エレクトリック社製 GE90-115B（カッコ書き）のエネルギーの流れを、理論的に推定したものです [2]。圧力比 3.45 の「ネ20」では、燃料エネルギーの70%が排熱として捨てられ、30%が推進力となります。燃料エネルギーの 57% を圧縮機のパワーとして再循環する最新エンジン（圧力比 42）は、最大 66% のエネルギーを推進力に使うことができます。

や衣類など、私たちが直接必要な「もの」を生産する過程で生み出された利益を、営業や技術開発、教育、社会インフラなど、「もの」を直接生産しないで環流する経済活動へ投資することで、高品質な物作りや高度で環境に優しい社会を作っていると考えることができます。

低温物理学者K.メンデルスゾーン（1906-1980）は、古代エジプト文明にも興味を持っていました。彼は、ピラミッド建設は、余剰の経済活動を吸収する、社会インフラ投資の一環であると唱えました。この例が示すように、一見「もの」作りや生存には無駄に見える社会インフラや、サービスへの投資が、高度経済社会を活性化する重要な役割を果たしているのではないでしょうか。

最新型のジェットエンジンは、吸い込んだ空気の圧力を約40倍まで上げて（圧力比40）、高いエネルギー効率を出しています。私の恩師は約65年前に日本初のジェットエンジン開発に携わりましたが、その時の圧力比は3.45でした［1］。各時代の技術レベルに応じて、ジェットエンジンの適切な圧力比、つまり、エネルギーの再循環割合が存在するのではないでしょうか。

2012年現在、東日本大震災の復興計画で、膨大な社会投資がされようとしています。この投資は、経済のエンジンパワーを上げて、日本経済を復興させるチャンスなのです。日本は、高度な社会システムと技術力を持っているので、社会インフラや人材育成など、将来の投資のために必要な経済活動環流を増大させる能力があると思います。しかし、現状の経済政策を見ていると、最新型のジェットエンジンを持っているのに、その性能をわざと下げて、大昔のやり方で運用しているように思えてなりません。

（2012.1.31　日経産業新聞　テクノオンライン掲載）

参考文献

［1］沼知福三郎他，東北大学高速力学研究所報告，Vol. 9, (1953).
［2］日本機械学会　JSMEテキストシリーズ『熱力学』，pp.140-141, (2002).

4.9 圓と東アジア経済圏
文化と経済のネットワーク

　オリンピック直前の 2008 年 6 月に、9 年ぶりに中国を訪れて、北京にある清華大学と北京大学で講演を行いました。近年の中国の近代化は、目を見張るものがあります。9 年前に訪れたときには、北京のタクシー運転手が、クラクションで歩行者と自転車を蹴散らしながら走っていました。最近の中国のタクシーは、随分紳士的です。2008 年 8 月に開催される北京オリンピックが終わると、経済の狂乱が一段落し、中国は、より成熟した社会へと変貌すると思います。1988 年に開催されたソウルオリンピック前後に韓国を訪れた時のタクシー運転手の対応も、北京オリンピック前

東アジア各国の紙幣
日本、中国、香港、台湾、韓国の紙幣には「圓」、またはその略字（元、円）、もしくは韓国語の圓（ウォン）が記入されています。図中下線は、圓の記載されている場所を示しています。

後の中国と同じでした。筆者は小学生でしたが、1964年の東京オリンピック前後の日本社会も、同様な過程をたどったのだと思います。

　日本の通貨は円、中国・台湾は元、香港は香港ドルと、呼び方は様々です。これらの紙幣は、圓（えん、円の旧字体）と書かれています。韓国の紙幣はハングルで「원」（ウォン, won）と書かれていますが、ウォンは、圓のハングル読みなのです。ちなみに、中国の元は、圓の略字です。

　日本、韓国、中国、香港（中国）、台湾はそれぞれ、独自の文化と民族性を持ち、過去にいろいろな歴史を背負っています。しかし、二千年以上の昔から、中国を中心とした東アジア文化圏が時間をかけて作られてきたことは、紛れも無い事実です。これらの国は、自国で開催されるオリンピックに対する国民の対応も、なぜかよく似ていませんか。

　ヨーロッパ経済圏では、ユーロを共通通貨として以来、着実に経済発展を遂げています。ヨーロッパ連合（EU）各国は、お互いの文化や民族性を尊重しながら、現在は比較的安定な関係を保っているようにも見えます。東アジアの諸国が、お互いの文化と民族・歴史を尊重しつつ、共通の通貨「圓」が流通する社会を築くことができたら、ユーロ・米ドルと並ぶ世界の3大通貨として、安定的な地位を占めることができるのではないでしょうか。また、より緊密な経済交流や技術交流・人物交流が確立され、世界の安定と発展にも貢献できると思います。その通貨の呼び方が、エンであろうと、ウォンであろうと各国の呼び方で良いのです。起源は同じ圓なのですから。

(2008.8.12　日経産業新聞　テクノオンライン掲載)

4.10 日本の最新トイレと文化輸出
技術とサービスの世界発信

　最近は、トイレをWC(Water Closet, 水の個室)と標記することが少なくなりました。海外では、まさにWCだと実感することがあります。例えば、トルコのホテルでは、トイレの便座の中に水道の蛇口がついており、用をたした後に蛇口から出る水で左手を使い綺麗に洗います。インドでも、トイレに手桶が設置してあり、右手で水を流しながら左手でおしりを洗います。

　最初は違和感がありますが、この洗浄方法は慣れると意外に快適でした。インドでは、食事に右手だけを使いますが、左手で握手をする気にはなれません。選挙で日本の候補者が行うように、握手をしながら左手を添えられたら、トルコやインドの人たちはどう思うのでしょうか。

　1980年に発売された日本製温水洗浄便座を、日本機械学会が2012年7月に機械遺産として認定しました。日本では、温水洗浄便座がかなり普及してきました。筆者の自宅と職場のトイレもこのタイプなので、出

トルコの一般家庭にあるトイレ（トルコ・バーティン大学 Abid Ustaoglu 助教撮影）
と日本の最新型トイレ（2015.7 撮影）
トルコの一般家庭では、流しの下にある水桶を使って、左手でお尻を洗います。インドにも同様なトイレがありました。日本の最新型トイレは、お尻の洗浄をコンピュータで制御します。

張中に従来型のトイレがあると違和感を覚えるほどです。

　国内の肛門外科の数は、2006年をピークに減少しています。トイレットペーパーの使用量も、2010年以後ほとんど増えていません。トイレの技術革新が、私たちの生活と経済構造の変革に繋がったのでしょうか。

　温水便座は日本のホテルでは必須アイテムとなっており、最新型の旅客機にも取り付けられています。韓国や中国の高級ホテルではこのトイレは普及していますが、欧米ではまだほとんど見かけません[脚注]。普及していない理由は幾つかあるようですが、時間をかけて日本発のトイレ文化と先端技術を、世界に発信してはどうでしょうか。日本で発明されたカラオケは世界中に広まっており、「KARAOKE」として親しまれています。しかし、特許や市場獲得の機会を逸して、国際的なビジネスチャンスとはなりませんでした。

　日本は価格の安いものを作るだけでは世界市場で生き残れません。一方、品質とアフターケアも含めた製品サービスは世界有数なのです。米国のアップル社は、音楽配信とスマートフォンなどの情報機器を組み合わせ、システムとしてのビジネスに成功しています。日本もかゆいところに手が届く最先端技術と文化をそのシステムやサービスとともに、戦略的に世界展開することができるかもしれません。

（2013.1.11　日経産業新聞　テクノオンライン掲載）

（脚注）近年増大している外国人観光客が、ホテルの温水洗浄便座を経験することによって、日本のトイレが世界中に普及するきっかけとなるかもしれません。

4.11 高級ブランド品
値段が高いのに売れる理由

　筆者が「熱と光の制御」を専門の一つとしている関係で、仙台の伝統工芸品メーカーの開発をお手伝いしています。この伝統工芸は、玉虫塗りと言われる漆器の技法で、2014年にイタリアの有名ブランド高級時計の文字盤に採用されました。世界の有名ブランドでは、「エグゼクティブ・クリエーター」という主席デザイナーを任命し、マスコミや広告には主席デザイナーのみが登場して、ブランド管理を徹底しています。

　なぜ、私たちは、製造原価に比べて著しく高価な高級ブランド品を買うのでしょうか。ファッション性のある新製品開発と広告は、ブランド力向上に重要です。しかし、それだけで皆こぞってブランド品を買うのでしょうか。ヨーロッパの高級ブランドメーカーは、長い歴史を持っていることが多く、その創成期には職人が丁寧な仕事で長持ちする靴や鞄を製作し、顧客の信頼を得てきました。つまり、品質が良く長持ちする「ものづくり」が、ブランド品の根底にあるのではないでしょうか。また、鞄や時計など、高級ブランドの多くが、昔から使われているものであることも特徴です。

　有名ブランド商品と、日本が「ものづくり」として得意な自動車や産

東北大学と共同開発している玉虫塗り「萩乃箱」
この箱は、東北大学のプレゼントとして、国連事務総長や来訪した海外の学長などに贈られています。

業機械、工作機械を比較すると、両者は意外と共通点が多いことに驚かされます。日本が得意とする機械製品は、長い歴史があり基本的な構造に大きな変化がないことは、バッグや機械式時計と同じです。しかし性能と信頼性は要求されます。

　このような類似性にもかかわらず、日本の機械製品と高級ブランド品には、大きな違いがあります。それは、製造原価に対して販売価格が著しく高くても、ブランド品は売れることです。人件費や設備費の高い日本国内で、多少品質の良いものを作っても、圧倒的にコストが安いアジアの製品に、価格では対抗できません。そのためにも、高品質なもの作りは重要でしょう。しかし、性能が良くて長持ちする製品は、高級ブランド品の必要条件にすぎません。

　機械製品をブランド商品として確立するためのプラスアルファは、何でしょうか。製品のブランド化に向けた、広報戦略なども重要です。一方、ある建機メーカーでは、建設機械と衛星通信システムを直結し、機器の診断・メンテナンスと盗難防止を、ビジネスモデルとして確立しています。このように、高品質なもの作りと販売・サービス体制の高度化を通して、システムとしての機器のブランディングを確立していくことも、将来に向けた一つの方策かもしれません。

（2015.3.17　日経産業新聞　テクノオンライン掲載）

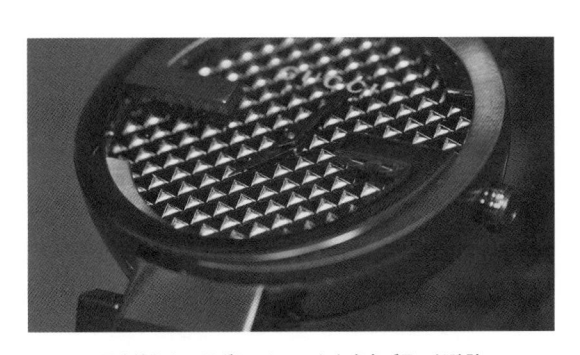

玉虫塗りとコラボレーションした有名ブランド時計
この有名ブランドは、文字盤に仙台独特の玉虫塗りを導入し、東日本大震災復興支援の一貫として、限定販売をしました。世界の有名ブランドは、時計のデザインやブランド確立に、かなりの投資をしています。

4.12 日本の科学技術競争力
20年後も維持できるだろうか

　筆者の学術分野で、京都大学の友人が、国際科学雑誌における日本人研究者の論文掲載数の割合を調べました。この雑誌の掲載論文数は、近年伸びているのですが、日本人研究者の論文数は伸びていません。特に、2005年からその相対的割合が、急激に低下しているのです。

　他の指標でも、日本人の学術論文への貢献度が、2000年を境に急激に低下しています。この頃から大学間競争が激化して、大学教員が研究費の獲得、組織の外部評価資料の作成、教員個人の業績評価などに追い立てられているのが現状です。

　大学間競争という意味では同じような状況にあるアメリカでは、学術論文の優位性は下がっていません。なぜでしょうか。アメリカなどでは、大学教員の役割分担ができていて、研究教授は教育と研究に専念できる環境にあります。大学管理職のキャリアパスは、研究教員と明確に分かれています。例えば、ある大学の学部長をやると、その管理運営実績により、次は別大学の学部長や学長に就任することも多いのです。

　日本の大学は、管理職にも研究者と管理者の両方の能力を求めています。管理職の教員は、大学の管理運営をしながら、一流の研究・教育を行い、研究費の獲得をするというように、全てについてスーパーマンであることが期待されるのです。これでは、日本は学術の国際競争に勝てません。

　ノーベル賞受賞研究の多くは、受賞の10年以上前の業績が認められる場合が多いようです。2012年現在、日本のノーベル賞受賞者数は世界8位で、それなりの水準を保っています。しかし、20年後には、日本が、科学技術でも後進国の水準に落ち込むことを心配しています。

(2012.10.5　日経産業新聞　テクノオンライン掲載)

ベクトル───5
熱科学の歴史こぼれ話

5.1 熱科学にも貢献したニュートン
ニュートンの隠れた法則

はじめに

　アイザック・ニュートン (1642-1727) は、今から約 300 年前の江戸時代に活躍した科学者です。彼は、皆さんが中学高校で学習する力学法則や、リンゴが落ちたことで発見したといわれる[脚注1]万有引力の法則など、多くの科学的発見をしました。これらの多くの科学的功績が認められ、彼の遺体はウエストミンスター寺院に葬られ、昔の 1 ポンド紙幣の裏面には、彼が発明したと言われる反射望遠鏡とともに肖像画が図案化されています。

　ニュートンは、多くの法則を生み出しました。ニュートンの力学法則で代表される古典力学の体系化や光の性質など、近代科学の発展に欠かせない多くの発見をしました。理論的考察から、音速の推定も行っています[脚注2]。皆さんの中には、数式で表されたニュートンの法則で、すっかり理科が嫌いになった人も多いかもしれません。しかし、ニュートン力学は近代科学の基礎となり、飛行機やロケットの飛行だけでなく、機械の設計には欠かせない科学となっています。また、国際的な単位系である SI 単位では、力の単位として N(ニュートン) が使われています。

旧 1 ポンド紙幣に描かれているアイザック・ニュートン
ニュートン (1642-1727) は、当時もよく知られた科学者で、現在の古典力学の基礎を築きました。旧 1 ポンド紙幣の表には、エリザベス女王が描かれていますが、裏には反射望遠鏡と光を分割するプリズムとともにニュートンが描かれています。彼は、熱科学にも貢献しました。

ベクトル5 熱科学の歴史こぼれ話

ニュートンは熱科学にも興味を持ち、その研究成果が1701年に英国王立協会の科学雑誌に発表されました [1], [2]。この論文の一部が、熱科学の分野ではよく知られている「ニュートンの冷却法則」です。この法則は、他のニュートンの法則に比べると、知らない方も多いと思います。本稿では、ニュートンの熱科学に関するラテン語の論文「Scala graduum Caloris.（A Scale of the Degree of Heat, 温度の尺度）」[1] と当時の熱科学の実情について述べたいと思います。

ニュートンの論文

この論文は、たったの6頁で、しかもその半分が表で占められている短いものです。論文の中には図が無く、数式が一本も出てきません。しかも、著者は匿名（著者不明）なので、本当にニュートンが書いた論文か疑っている科学者もいるほどです [3]。ニュートンは当時、国会議員に選出されるほどの有名人だったので、ちょっと自信のない論文には、自分の名前を出したくなかったのかもしれません。この論文は、多くの科学者が検証しています。

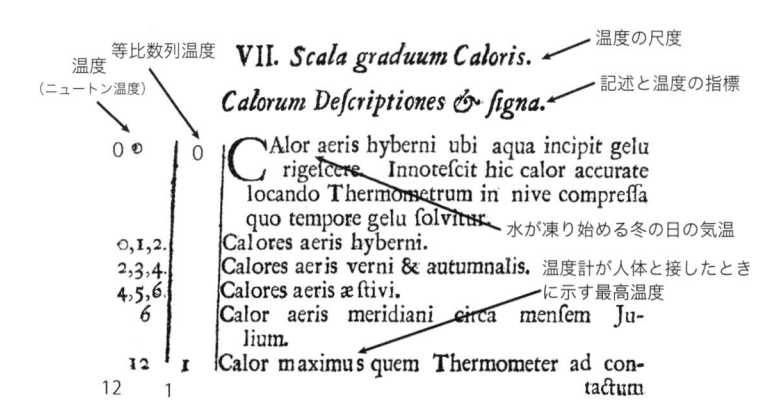

1701年に英国王立協会から出版された熱科学の論文 [1]
この論文は、ニュートンの熱科学に関する論文として知られています。しかし、論文はラテン語で書かれ、かつ、匿名（著者不明）として出版されました。その中には、「ニュートンの冷却法則」の基となる記述も含まれています。図中の注釈は、著者が記入したものです。

ニュートンが活躍した18世紀は、温度を測ることが重要な科学でした。ニュートンも温度計測に興味をもち、この論文を書いたようです。温度計測には基準となる温度定点が必要です。ニュートンも、比較的よく使われていた水が凍る温度（0度）と体温（12ニュートン度）を、基準として温度目盛りを作っています。

　彼の興味は、水が沸騰する沸点（100℃、約34ニュートン度）より高い温度の計測にあったようです。スズや鉛が溶ける温度を基準として、より高温の温度を測っています。そのため、高温まで沸騰しないアマニ（亜麻仁）油が温度上昇によって膨らむ現象を、温度計に使いました[4]。

　ニュートンは、さらに高い温度の測定にチャレンジしています。つまり、台所のコンロで赤く燃えている石炭の温度です。さすがに、ニュートンの温度計でも、燃えている石炭の温度を測ることはできません。温度計で測れない温度を測るために、ニュートンは一計を案じました。

　まず、鉄のかたまりをコンロの中に入れて、赤く燃える石炭と同じ温度になるまで加熱します。その鉄のかたまりを、コンロから取り出して空気中に置き、その冷え方を調べたのです。鉄の上には鉛やスズを置いて、それが冷えて固まる時間を測定しました。比較的低温で固まる金属の温度は、ニュートンの温度計であらかじめ測っておきます。つまり、鉄が冷えて温度計測が可能になってからの温度と、鉄をコンロから取り出してからの時間を測定したのです。この、鉄の冷える速度を理論的に考察すると、はじめに鉄の温度が何度なのかが推定できます。ニュートンの推定ではその温度は192ニュートン度（592℃）とされました。

　温度計で測れない高温を計るために、ニュートンは仮定を置きました。つまり、物体が冷却するはやさは、物体と周囲の空気温度との差に比例するとしました。また、物体は風が吹いている状態で冷やしたという記述があります。この2つの文章が、「ニュートンの冷却法則」の起源と考えられます。現在では、「物体の冷却速度（熱流束と言います）は、物体と流体間の温度差に比例する」という関係が、ニュートンの冷却法則として使われています。

物体の温度は、時間の経過で変化します。そのため、現在の対数目盛りにあたる「等比数列温度（degree of heat in geometrical progression）」を使いました。図は、その目盛りで赤熱した鉄のかたまりを冷やしたときのニュートン温度の変化を、時間の経過に対して示したものです。アマニ油を使った温度計は、せいぜいでスズが溶ける温度（232℃）までしか測れません。しかし、計測できる温度を図中で延長することによって、コンロから取り出した直後の鉄の温度を推定することができます。図には、近代の金属工学で推定した正しい温度［5］も示しています。ニュートンはふく射伝熱という赤外線による熱移動を考えていなかったので、若干低めに温度を見積もっています。しかし、高温の温度を再現するために、ニュートンは合金の成分を調整したり、日本刀の刀鍛冶のように鉄の赤熱色と温度の関係も、注意深く観察しています。

　図の温度推定には、もう一つ仮定が必要です。これは、鉄のかたまりが一様温度で低下するという、「集中熱容量系」という仮定です。幸い

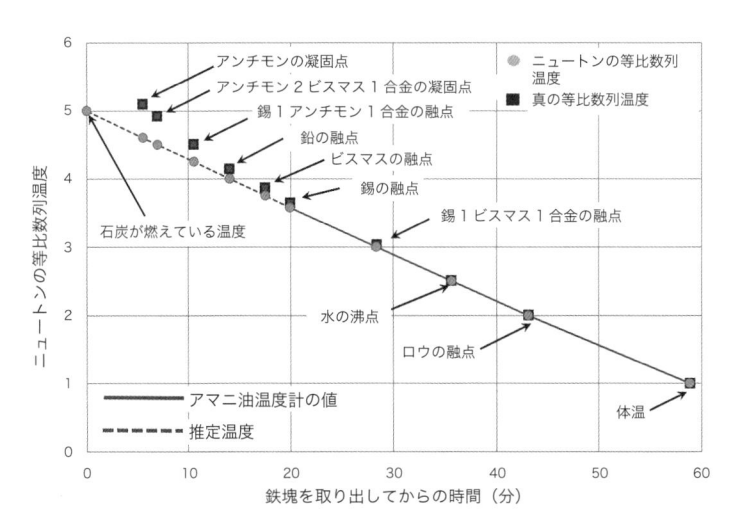

1701年の論文を再現したニュートンの温度と冷却時間の変化

この図は、ニュートンの等比数列温度を使い、鉄塊の冷却時間を計ることによって、当時の温度計では測ることのできない高温を測定できることを示しています。図中では後世に検証された真の温度［5］も示しています。ニュートンは、ふく射伝熱を知らなかったので、低めに温度を見積もっていました。

にして、ニュートンが実験で用いた鉄のかたまりは大きくなかった[脚注3]ので、この仮定を自動的に満足していました。もっと巨大な鉄のかたまりで実験していたら、正確な温度は出なかったかもしれません。

なぜニュートンは高温物体の温度を測ったのか？（筆者の推測）

　当時の熱科学では、温度の基準を決めることが重要なテーマで、皆さんが使っている摂氏（セ氏温度、℃）や、米国で使われている華氏（カ氏温度、℉）も、ニュートン温度と同じ頃に考案されました。ただし、これらの温度は、水が沸騰する温度である100℃が上限でした。

　ニュートンは、100℃より高い温度に興味を持ち、実際にその温度基準を作っています。また、1701年に匿名の論文を出していますが、その温度（ニュートン温度）を広めようとした様子は見られません。なぜ、ニュートンは、高温を正確に測ろうとしたのでしょうか。

　ニュートンの論文の主要部分の実験と内容は、1693年頃に行われたとする説があります［3］。文献を丹念に見ると、実験は1692年から1693年の冬におこなわれた形跡があります。この論文が出版される2年前の1699年に、ニュートンは造幣局長に就任しています。

　ニュートンは、安い金属から貴金属（特に金）を生み出そうとする錬金術に熱中していたと言われています。錬金術実験の一部は当時禁止されていましたから、ニュートンは、研究をこっそりやっていたのでしょう。錬金術は金属工学ですから、金属が溶ける高温を計測することは、すこぶる重要です。そのために、正確な温度を計測する必要に迫られたと考えられます。

　ニュートンは、台所で燃えている石炭の温度（595℃）と鉛などの重金属の融点と凝固点を明らかにしています。金の融点は1,064℃ですから、それより低い重金属の性質を明らかにして、ニュートンが金と同じようなものを作り出そうとしていたと考えるのは、筆者だけでしょうか。

　造幣局長になってから、ニュートンは偽金作りを摘発して功績を挙げたと言いますから、そのための温度測定研究とも考えられます。しか

し、錬金術の研究から出てきた温度測定方法を、匿名論文として出版し、こっそり科学者の反応を見ていたと考えられなくもありません。

(2015.10 日本伝熱学会『伝熱』, Vol. 54, No.229 に掲載)

参考文献

［1］"Scala graduum Caloris (A Scale of the Degrees of Heat)", Philosophical Transactions, No. 270, pp. 824-829, (April 1701).
［2］"The Correspondence of Isaac Newton, Volume IV, 1964-1709", Edited by J.F. Scott, Cambridge University Press, PP.357-365, (1967).
［3］Ruffner, J. A., "Reinterpretation of the Genesis of Newton's Law of Cooling," Archives of History of Exact Science, Vol. 2, pp. 138-152, (1964).
［4］Simms, D. L., "Newton's Contribution to the Science of Heat", Annals of Science, Vol. 61, pp.33-77, (2004).
［5］Grigull, U., "Newton's Temperature Scale and the Law of Cooling," Waerme und Stoffuebertrang, Vol. 18, pp.195-199, (1984).

(脚注1) これは、作り話だと言われています。
(脚注2) ニュートンの音速は正しくないことが、後でわかりました。
(脚注3) 文献を精査すると、鉄のかたまりは約 2.5cm×10cm×10cm(1×4×4インチ)と推定されます。

5.2 熱をすべて電気に変えられるだろうか？
貴公子サディ・カルノーの先見

サディ・カルノー（1796-1832）の 17 歳（左）と 34 歳（右）の肖像画
（参考文献 [1] より引用）

カルノーは学者であり、フランス革命の英雄として有名なラザール・カルノーの長男として生まれ、甥はフランス大統領になるなど名門の出身です。彼は、エコル・ポリテクニックを卒業し軍務についた後、熱科学の研究に没頭しました。

貴公子カルノー

　ニュートンは有名ですが、サディ・カルノー（Nicolas Leonard Sadi Carnot）は、物理学や熱科学を学んだ人以外にはあまり知られていません。彼はフランス名門家庭の長男として生まれ、子供の頃はナポレオン・ボナパルトの夫人に可愛がられていました。

　彼の生涯と研究成果は、広重徹の著書［1］に詳細に記されているので、興味のある方は一読することを勧めます。カルノーの弟が書いた伝記によると、幼少の頃デリケートな体質だったカルノーは、肉体を鍛錬してたくましい青年となり、乱暴をしていた騎兵を素手で負かすほどだったといいます［1］。また、フランス理工系の最高学府であるエコル・ポリテクニックを卒業したことからみても、イケメン・運動万能・秀才・名門の出とまさに絵に描いたように理想の男性ではないでしょうか。

　カルノーは、エネルギー（熱）とパワー（動力）（本書「1.7 鉄腕アトムの十万馬力とエネルギー」参照）の研究を行いました。彼が軍隊を退き研究

ベクトル5 熱科学の歴史こぼれ話

に従事していた1820年頃は、熱を動力に変えるニューコメンの熱機関が1712年に発明されてから、100年以上たっていました。当時も、どうやって少ない燃料で大きな動力を得るかが、現在と同様に重要な関心事でした。特にフランスは、石炭の産出が少なく高価だったため、とりわけ熱機関の燃費を向上させることに熱心でした。このような経済的・技術的背景から、カルノーは「石炭を燃やした熱をすべて動力に変えることができるだろうか」という疑問を持ったのです。ニュートンの時代は、知的好奇心から科学が発展していました。しかし、1700年代の産業革命で技術が発達すると、科学の興味は技術的・経済的要請と密接に関わってきます。このことは、今日でも同様であるだけに興味深く感じられます。

カルノーが書いた唯一の論文

これまで行われてきた研究データを集めて、カルノーは、思考実験を行いました。その結果をまとめたものが、「火の動力、および、この動力を発生させるに適した機関についての考察」という論文です。彼は、生涯にわたってこの論文1編を1824年に世に出しただけで、コレラにか

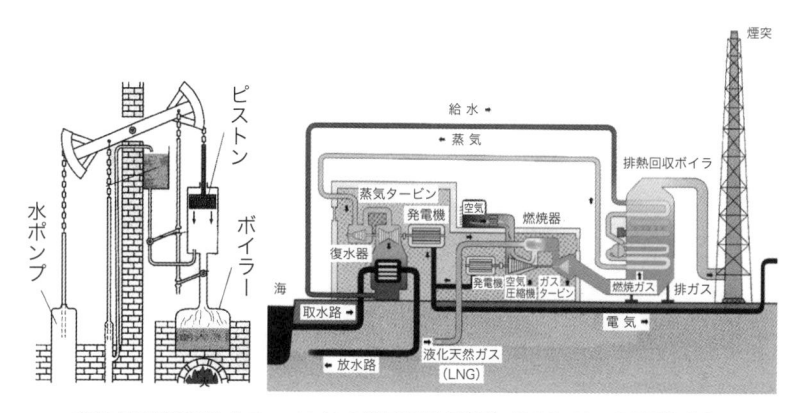

1712年に実用化されたニューコメンの蒸気機関と最新型の複合サイクル発電設備 [2]
ニューコメンの蒸気機関は約1%の熱効率だったと考えられています。最新型の火力発電所では高温の燃焼ガス使ってジェットエンジンで発電し、そこから出た比較的低温の熱を蒸気サイクルで発電することによって、60%近くの熱効率を出しています。

101

かって 1832 年に亡くなってしまいました。論文発表当時、彼はニュートンのように有名でもなかったので、この論文は、ほとんど顧みられませんでした。

しかし、この論文には、その後の熱科学にとって大変重要な事柄が述べられていました。つまり、「(1)高温の熱から動力を得るためには低温の熱を捨てなければならない (2)熱から多くの動力を得るためには高温の熱と低温の熱の温度差が大きいほど良い (3)熱から動力を得る割合は、熱機関が作動する物質によらない」ことを明らかにしたのです。

この論文は、カルノーの死後、エコル・ポリテクニックの後輩であるクラペイロンに見いだされ、さらにイギリスの熱科学者ジュールやケルビン卿に再評価されて、現在の熱力学という学問が発展しました。カルノーが明らかにした原理から、常温の熱エネルギーを変換して電気などの動力に変えることができないことや、水素と酸素は低温では反応しませんが高温にすると一瞬で水になる（爆発する）ことなど、自然現象が変化する方向が理論的に説明できるようになりました。

熱のエネルギーを全て電気に変えられるだろうか

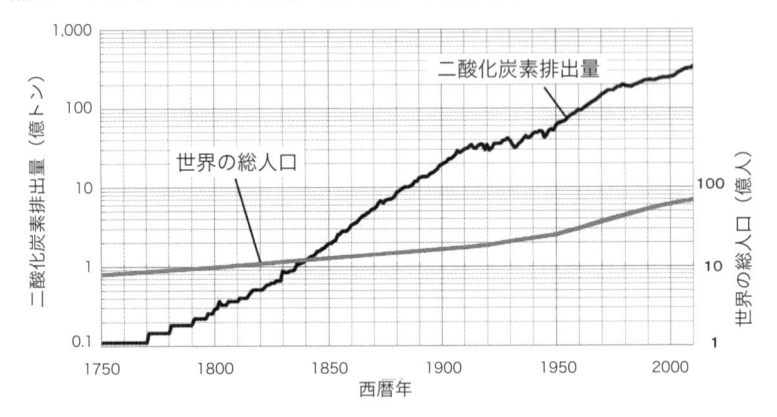

世界の総人口 [3] と化石燃料による二酸化炭素排出量 [4] の変化
このグラフは対数で表示してあります。1800 年に比べて現在の人口は 7 倍です。一方、化石燃料の使用量は千倍になっています。それは、1997 年の京都議定書以後も増え続けています。

カルノーの論文で注目されるのは、化石燃料などを燃やした熱エネルギーを全て電気などの動力に変換できないことを明らかとしたことです。熱から動力を得るためには、一定の割合で排熱を環境に捨てなければなりません。化石燃料は、高温を作り高い効率で熱を電気などの動力に変えることができます（本書「1.4 エネルギーは永久に不滅です」参照）。カルノーの原理によると、高温の熱と低温の排熱の温度差が大きいほど、より多くの動力を取り出すことができます。

　私たちは、産業革命以来、限られた燃料からより多くの動力を取り出すために努力してきました。人類で最初の実用的熱機関と言われるニューコメンの蒸気機関は、燃料の熱エネルギーのわずか1％程度しか、動力に変えることができませんでした。300年後の私たちは、技術革新で燃料の50％以上を電気などの動力（パワー）に変換することができます。つまり、熱効率は、50倍になっているのです［2］。

　一方、カルノーが生きていた1800年の人口は10億人ですが、2010年では70億人と7倍になっています。その間、人類の化石燃料消費量は実に千倍に増加しており、熱機関の改善効率をはるかに上回っています。

参考文献

［1］広重徹，カルノー・熱機関の研究，第5刷，みすず書房，(2012)．
［2］日本機械学会, JSMEテキストシリーズ『熱力学』, 丸善，pp. 3-5, (2002).
［3］United Nations, Department of Economics and Social Affairs, World Population Prospects, (2012).
［4］The Carbon Dioxide Information Analysis Center, DOE, Global, Regional, and National Fossil-Fuel CO2 Emissions, (2015).

5.3 日本で最初のジェットエンジン「ネ20」
「ネ20」(ねのふたまる) 誕生秘話

はじめに

　ジェットエンジンは、空気を吸い込んで圧縮し、その圧縮空気に燃料を混ぜて燃焼させたガスを高速のジェットとして噴出し、推進力を得る機械です。現在、皆さんが乗る旅客機のほとんどは、ジェットエンジンを使っています[脚注1]。

　日本で最初のジェットエンジンは、終戦間近に完成し、2台のジェットエンジンを積んだジェット機「橘花(きっか)」は、終戦直前の1945年8月7日に、千葉県木更津飛行場で12分間の初飛行を成功させました。その日本最初のジェットエンジンは、「ネ20」(ねのふたまる)と呼ばれていました。現在は20を「にじゅう」と言う人がいますが、当時は「ふたまる」と呼んでいたようです。「ネ20」の設計には、筆者の恩師である村井等(むらいひとし)先生とその恩師(筆者のおじいさん先生)の沼知福三郎(ぬまちふくさぶろう)先生が関わっていました。ここでは、「ネ20」の開発と東北大学にまつわる秘話を紹介します。

ワシントンDCのスミソニアン博物館に展示されている「ネ20」
(2012.8　ワシントンDC・スミソニアン博物館にて撮影)
戦後米軍に接収された「ネ20」は、「IHIそら博物館」でも展示されています。

「ネ20」の開発経緯

　日本は、第二次世界大戦末期に戦況が悪化した中で、高速で飛行することができるジェット機のエンジン開発に着手していました。しかし、技術的な困難さから開発は容易に進みませんでした。ジェットエンジンの開発で先行していたドイツから技術供与を受けることになりました。設計図などが潜水艦でシンガポールまで運ばれ、そこからジェットエンジンの簡単な資料が、飛行機で1944年7月に日本へ持ち込まれました。シンガポールからの潜水艦が米軍に撃沈され、ジェットエンジンの詳細な設計図などの主要な資料は、日本に到着しませんでした。日本に届いたのは、キャビネ版のジェットエンジン（BMW-003A）の断面図と、簡単な取り扱いメモ程度だったと言います。その情報を参考にして、当時日本が開発していたジェットエンジンを改良しましたが、うまく行きませんでした。

　「ネ20」は、1945年1月に本格的な開発が始まりました。今回は、ドイツのジェットエンジンと同じ形式として、それを日本の実情に合わせた設計仕様で進められました。この設計・開発は、当時としても驚異的なスピードで進められ、わずか6か月後には試運転を終了しています。そのエンジンが日本初のジェット機に搭載されて、初飛行を行いました。

「ネ20」が参考にしたドイツのジェットエンジン　BMW-003A
(2004.6 ロンドン・科学博物館にて撮影)

このエンジンの簡単な断面図が、1944年に日本にもたらされました。その図を参考にはしましたが、日本の独自技術で「ネ20」は約半年間で開発されました。

なぜ日本は短時間にジェットエンジンを開発できたのか？

　「ネ20」はドイツのエンジンを参考にしましたが、入手できたキャビネ版の断面図1枚から映画や漫画のように、ジェットエンジンが設計できるものではありません。村井先生も、この写真を拡大したB5版ぐらいの図面を見たそうですが、内部の構造は全くわからなかったそうです。当時、日本に十分な基礎技術があったからこそ、驚異的な早さでジェットエンジンが開発できたのでした。その開発には、東北大学が大きく貢献しています。

　終戦後、「ネ20」は米軍に接収され、アメリカに持ち込まれました。その一つは、ワシントンDCのスミソニアン博物館で展示されています。また、米国から再び日本に持ち帰られたエンジンは、「ネ20」を開発したIHI（石川島播磨重工㈱）で展示されています。

東北大学の貢献

　ジェットエンジンと東北大学の関係は、エンジン開発よりかなり前から始まります。ジェットエンジンの開発に中心的役割を担っていた種子島時休大佐［1］が、情報収集のため1936年から2年間ヨーロッパに滞在していました。そのとき、東北大学の沼知先生の論文［2］（脚注2）を大いに活用していることを、スイスのエンジニアに知らされました［3］。種子島大佐の帰国後、ジェットエンジンの開発をすることになり、東北大学の沼知先生と棚澤泰先生の指導を受けることになったのです。

　ジェットエンジンは、熱力学・流体力学・材料力学などの最先端の知識を動員して、設計する必要があります。当時、日本はそれらの基礎知識と技術を保有していたので、ジェットエンジンの開発が可能でした。しかし、技術が最先端なだけに、多くの困難に遭遇しました。

　最初は、ジェットエンジンで設計が難しい圧縮機がうまく行かず、空気の圧縮が予定より大幅に減少しました。これは、翼列という圧縮機内の羽根の取り付け角度に関係する「翼列干渉係数」の見積もりを、誤ったためでした。村井先生は、当時大学院生で沼知先生の鞄持ち（助手）

をしていましたが、不遜にも海軍の会議で翼列干渉係数の誤りを指摘したそうです。満座の席で若造が異議を唱えたので、沼知先生も困ったようでした。その「空気を読まない」姿勢は弟子に引き継がれ（本書「3.4 空気を読む日本人」参照）、筆者もまた満座の中で正論を吐いて嫌われています。

村井先生によると、初期のエンジン設計はうまく行かなかったので、多段圧縮機の後の段は、圧縮機とは逆の働きをしていたようです。そのため、圧縮機は設計通りの圧力が出ませんでした。圧縮機の羽根を乱暴にもペンチで曲げて所定の圧縮力を得ようとしましたが、高度な技術を要するジェットエンジンではうまく行くはずもありません。

この初号機とは別に、独立して沼知先生の理論に基づくエンジンの設計が行われました。この理論は、現在でも大変緻密な流体力学理論で、村井先生をはじめ多くの東北大学高速力学研究所（現流体科学研究所）の教員・職員が関わりました［4］。コンピュータが存在しない頃ですから、当時の技術職員の証言によると、沼知先生たちが構築した高度な理論を計算するために、職員は機械式の手回し計算機を使い、文字通り不眠不休で設計をやったそうです。

東北大学グループが設計した圧縮機やタービンは、ほぼ設計通りの性能を出し、以後この設計資料に基づいてジェットエンジンが生産されま

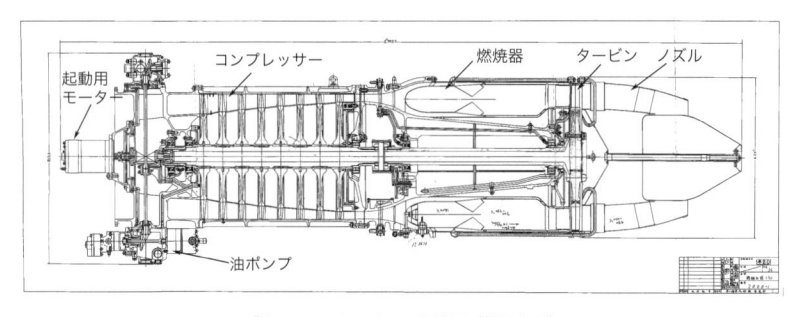

「ネ20」のオリジナル設計図（総組立図）
この図は、「旧海軍ジェットエンジン・ネ20関係資料」から、国立科学博物館鈴木一義氏の協力でデジタル化したものです。図中の説明は、筆者が加筆しています。

ネ20 軸流送風機動翼主要目 (1)

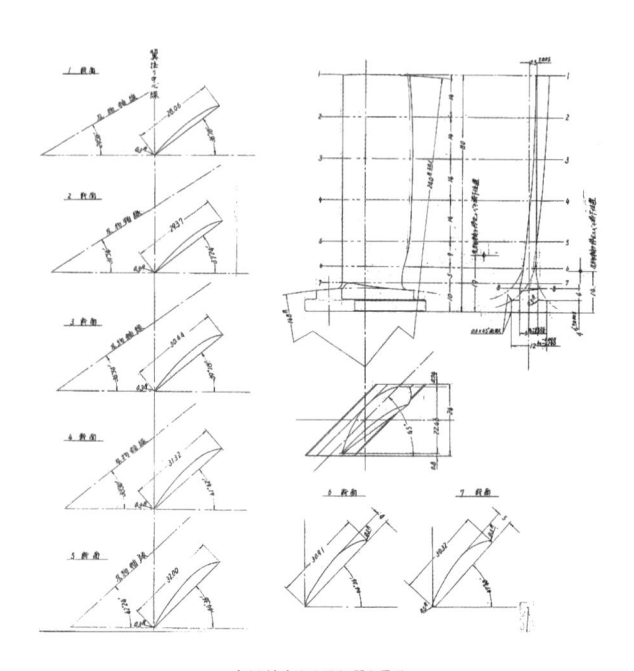

翼型		原計画 クラークY	改 一 クラークY	改 三 クラークY	改 四 クラークY
翼長 (mmｼｰﾄﾞ)	1段	240~165	左ニ同ジ	240~165	240~165
	2段	240~194	〃	240~194	240~194
	3段	240~182.5	〃	240~181	240~181
	4段	240~190	〃	240~188	240~188
	5段	240~199.5	〃	240~193	240~193
	6段	240~202.5	〃	240~198	240~198
	7段	240~207	〃	240~202	240~202
	8段	240~211	〃	240~206	240~206
翼巾 (mmﾁｯﾌﾟ-ﾙｰﾄ)	1段	28~35.4	〃	33~60.4	28~35.4
	2段	28~34.5	〃	33~39.5	28~34.3
	3段	28~33.7	〃	33~38.8	28~33.9
	4段	28~33	〃	33~38.1	28~33.2
	5段	28~32.2	〃	33~37.6	28~32.7
	6段	28~31.7	〃	33~37.1	28~32.2
	7段	28~31.2	〃	33~36.7	28~31.8
	8段	28~30.8	〃	33~36.4	28~31.4
厚比 (%) ﾁｯﾌﾟ-ﾙｰﾄ	1段	6~9.7	〃	6~7.6	6~9.7
	2段	6~9.25	〃	6~14.1	6~9.28
	3段	6~8.85	〃	6~13.05	6~8.73
	4段	6~8.45	〃	6~12	6~8.59
	5段	6~8.1	〃	6~11.3	6~8.33
	6段	6~7.8	〃	6~10.6	6~8.09
	7段	6~7.6	〃	6~10.2	6~7.88
	8段	6~7.4	〃	6~9.8	6~7.68

ネ20のオリジナル設計図の圧縮機動翼図面と設計仕様書
(「旧海軍ジェットエンジン・ネ20関係資料」より)

ジェットエンジンの羽根はこの図で示されているように、緻密な計算の上で製作され、設計通りの性能を出しました。設計仕様書によると、短い間に何度も設計変更していることがわかります。図面の日付から、上の図面は沼地理論によって変更された後のものと推定されます。

108

した [1]。最先端の技術で生み出される機器は、エンジニアの「カン」で作るものではなく、流体力学などの緻密な理論計算で構築されることを証明しています。現代のジェットエンジンは、より高度な理論とスーパーコンピュータなどを駆使して開発されています。

「ネ20」は、圧縮された空気を燃やす燃焼器でも問題を抱えていました。燃焼器内で、振動燃焼という異常燃焼が起きたのです。これは、棚澤先生の助言で、燃焼器内の空気の流れ方を変更することによって解決しました [1]。

参考文献

[1] 種子島時休, わが国におけるジェットエンジン開発の経緯(1), (2), 機械の研究, Vol. 21, (1969).
[2] Fukusaburo Numachi, Aerofoil theory of Propeller Turbines and Propeller Pumps with Special Reference to the Effects of Blade Interference upon the Lift and the Cavitation, 機械学会誌, Vol. 31, (1928).
[3] 『種子島時休追想録』 遺稿抜粋, (1989).
[4] 沼知福三郎他, 東北大学高速力学研究所報告, Vol. 9, (1953).

(脚注1) 旅客機にプロペラが付いているものもありますが、多くの場合、ジェットエンジンでプロペラを動かしています。
(脚注2) 文献の発行年と内容等から、該当論文を推定しています。当時は英語またはドイツ語で科学技術論文を出すことが普通でした。

5.4 1970年代のイカロスたち
「鳥人間コンテスト」はるか以前の挑戦

はじまり

1973年に東北大学に入学したばかりの私は、クラスで知り合って間もない米本浩一君（川崎重工業㈱）^(脚注1)と、東北大学川内記念講堂（現在は川内萩ホール）前の芝生で空を見上げていました。私は、子供の頃から飛行機が好きだったので、高校生の時に科学雑誌で見た羽根を付けて空を飛ぶハンググライダーなるものを実際に作ってみたいと打ち明けました。彼も面白そうだと賛同してくれて、それでは作ってみるかということになったのです。東北大学の人力飛行機クラブ・ウインドノーツ（本書「1.7 鉄腕アトムの十万馬力とエネルギー」に掲載した写真参照）が活躍している、琵琶湖で毎年開催される「鳥人間コンテスト」が始まるのは、ずっと後のことです^(脚注2)。その頃、ハンググライダーは、一般に全く知られていませんでした。

クラスメートの小島滋君（鉄道建設公団）が加わり、3人で飛行機を作るための情報集めが始まりました。当時、学友会航空部の部長をしておられた大内義一先生、野田佳六先生のご指導をいただきました。何せ高校を卒業したばかりで、専門知識の全くない学生が飛行機の設計をするのですから大変です。何人かの先生方からお話を聞いて、大学にあった戦前の文献や専門書から、材料力学や流体力学、飛行機の製作法などの勉強を見よう見まねで始めました。

当時、機械工学科の助教授（准教授）でおられた阿部博之第18代総長の研究室に押し掛けていって、構造設計に関するお話をお聞きしたこともありました。残念ながら、総長のご指導内容は忘れましたが、その時の鋭い洞察力は大学一年生の私たちにもひしひしと感じられ、以後、「ギンギンの阿部さん」というあだ名を付けさせて頂いたことがありました。阿部総長、すみません。

設　計

　固定翼の複葉機でリリエンタール型ハンググライダーを作ることになり、知ったかぶりの航空少年の私が空力設計と翼の構造設計を分担し、米本君が胴体の構造設計、小島君が操縦装置の設計を分担しました。私は、子供の頃に飛ばしていた紙飛行機や模型飛行機の知識と専門書のつまみ食いで機体の外形を決め、計算尺を使って主翼桁の構造設計をしました。計算尺は、数回計算を繰り返すと有効桁数が無くなるのに、ずいぶん適当なことをやっていたものです。米本君は、ラーメン（剛接骨組み）の構造計算法を独学でマスターし、ようやく出回り始めた電卓を先輩から借りて、6桁（ミクロン単位）くらいまで寸法の入った木製胴体の設計図を描きました。どちらも、実務経験のない学生のなせる技です。

　飛行機の設計と並行して、グライダーに必要な材料の購入と調達を進めました。当時の企業は学生に対して理解があり、企業に材料等の情報を集めに行くと、東北大学の学生が面白いものを作るというので、私たちの話を聞いて協力してくれました。多くの場合、無償または原価で素材を提供してくれました。翼の表面材は発泡スチロールでした。その材料を作っている企業は、私たちのために特別に生産ラインを変更して無償提供してくれました。この担当は、主に私と小島君です。素材企業の仙台支店に行って、自分たちの目的を説明して素材の情報を教えていた

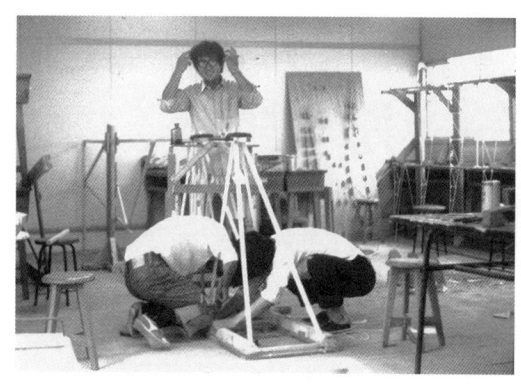

グライダーの製作風景　胴体接合部（左）、主翼前縁部（右）

だき、あわよくば原価もしくは無償で材料を頂くことは、社会勉強になったと思います。それでも木材や合板などの材料は、自分たちで買わなければいけなかったので、メンバーが土木作業員などのアルバイトをしてお金を稼ぎました。

製　作

　東北大川内北キャンパスの旧教養部共通サークル棟の一室で、ハンググライダーの製作が始められました。製材所で薄い板にしてもらったスプルース材を、割り箸ぐらいの太さの角材に切り出して、翼のリブ（小骨）材としました。隣の部屋でマンドリンクラブが練習している時に、電気ノコギリの甲高い音を立てて角材作りをしているのですから、お隣さんには随分迷惑をかけたことでしょう。

　この頃、同級生の佐藤勝弘君（㈱テトラ）が仲間に入りました。今まで、個性の強いメンバーの集まりのため、意見の相違から議論になることも多かったのですが、彼の参入でグループが和やかになり、製作も大いにはかどりました。

　グライダーは、木製部品の寸法をノギスで計りながら製作し、治具を作って組み立てる本格的なものでした。一方では、翼と胴体の結合金具にハンドドリルで大きな穴をあけ、ねじ山の付いたままのボルトを剪断ボルトとして使うなど、随分恐ろしいことも平気でやっていました。この頃から、同級生の佐々木宣雄君（㈱TDK）が、協力してくれました。

羽布（表皮）を張る前のグライダー仮組立（左）と機体全体構造（右）

設計から約1年かけて、全長約4m で、翼幅8m、翼弦1.5m、翼断面形状がゲッチンゲン翼型の複葉ハンググライダーが完成しました。胴体は米本君が苦心して製作した木製トラス構造です。垂直尾翼と水平尾翼は、小島君設計の操縦桿（今流行のサイドスティック）で操縦するタイプで、全機体重量は40kg以下でした。小島君の高校卒業アルバムにいた、かわいい女の子の名前を取って「千尋さん」と命名しました。ちなみに、娘が生まれたときにこの名前を提案しましたが、鋭い目つきで妻に却下されました。父親が唐突に娘の名前を提案すると、疑いをかけられます。

飛　行

現在の川内住宅11号棟付近の坂道で、予備飛行実験を行いました。その後、1974年夏に蔵王山麓の牧場で合宿して、飛行実験を行いました。当時、ロガロタイプというタコ型のハンググライダーはありましたが、固定翼のハンググライダーは大変珍しかったので、放送局が飛行試験に同行し、後日ニュースなどで放送されたようでした。また、仙台の藤崎デパート一階に機体を展示したりもしました。

蔵王山麓の試験飛行で、主翼の取り付け角度に問題があることが明らかとなり、主翼の取り付け金具の改造を行いました。改造後、青葉山ゴルフ練習場付近の宅地造成地の急斜面で、最後のフライトを行いました。このときのパイロットを、ジャンケンで決めることになりました。負けたものがパイロットになることになりましたが、一番重い小島君が負け

完成した「千尋さん」（左）と蔵王山麓での飛行実験（右）

たので、もう一回ジャンケンをして、一番軽い米本君がパイロットになりました。離陸はうまくいったのですが、如何せんパイロットとしては全く素人なので、失速してかなりの高さから墜落してしまいました。幸いにして、機体が破損して衝撃を吸収してくれたので、パイロットは無事でした。

エピローグ

　破損したハンググライダーは、4人のメンバーで修理維持していくことは無理でした。そこで、1974年11月の大学祭に展示した後で荼毘にふすことになりました。その後、それぞれのメンバーは学部に所属し、専門の勉強を始めましたが、大学一年で専門書を読みかじり、実際に飛行機を作ったことが少なからず役に立ったと思います。例えば、材料力学における梁の力のかかり方は、墜落した主翼桁の破損状況の観察で実践的に学ぶことができました。

　ハンググライダーは、その後のメンバーの人生にも大きく影響してい

1974年の最終フライト

ます。私は、その時知ったセイルウイングの研究を、学部4年生から博士課程まで行うことになりました。米本君は、大学院卒業後、航空機製作メーカーに就職して、航空宇宙産業に直接貢献しております。当時、口論したり、夜明けまで語り合ったメンバーとは、現在も親交があり良き友です。今では、それぞれが違った道を歩んでおりますが、学生時代の良き思い出となっています。

(1999.3.31　東北大学機械系同窓会誌　第3号　掲載)

(脚注1) メンバーの所属は1999年執筆当時のものです。
(脚注2) 本書執筆中（2015年）の「鳥人間コンテスト」で、東北大学ウインドノーツが優勝しました。

5.5 創始者が残したもの
その伝統と呪縛

はじめに

　トヨタとホンダ、どちらも日本を代表する国際的な企業です。しかし、技術レベルや対象とする顧客もほとんど同じなのに、トヨタとホンダの車はどこか違います。両者の開発現場での技術者の取り組み方や経営販売戦略はそれ以上に好対照なのです。同様なことが、松下電機とソニーの家電製品にも当てはまります。この違いは、どこからくるのでしょうか。

　両者の明らかな違いは、創始者の性格です。トヨタの豊田喜一郎とホンダの本田宗一郎の強烈な個性で、両社の社風やその結果である製品の特質が、現れていると言ってもよいのではないでしょうか。

　研究教育組織でも創始者の影響は大きいのです。慶應義塾大学と早稲田大学は、創始者が示した「と考えられる」学風を未だに継承し、なぜか両校の学生も卒業生も、ホンダ車とトヨタ車のように異なって見えます。

　東北大学では、本多光太郎名誉教授が、1916年に金属材料研究所を創設し、研究所は我が国における金属研究の中心的存在として数多くの業績をあげています。本多先生の研究にまつわる逸話は多いのですが、本多先生の研究に対する真摯な姿勢が、金属材料研究所の物質研究に対する基本姿勢となっているように思われます。

　本節では、筆者が所属する流体科学研究所を例にとって創始者について考えます。

流体科学研究所の創始者

　流体科学研究所の前身である高速力学研究所は、1943年に沼知福三郎名誉教授によって創設されました。沼知先生は、本多先生と同じドイツのゲッチンゲン大学に留学し、当時の流体力学研究の重鎮であるL・プラントル教授に師事しました。この時の経験が、その後の高速力学研究

ベクトル5 熱科学の歴史こぼれ話

所の研究スタイルを方向付けています。

筆者は、沼知先生から直接ご指導を頂いたことはありません。私が学生の時、研究所にお出でになった折に挨拶する程度でした。先日、東北大学工学研究科機械系の玄関に沼知先生の講義ノートが展示してあったのを見て驚きました。内容こそ若干異なりますが、ノートから推定される講義のやり方が、沼知先生の教え子の教授陣から筆者が受けた講義と、全く同じなのです。沼知先生の講義は、当時としては先端的なものだったようですが、講義やノートの形式、果ては研究に対する姿勢まで、孫弟子の筆者に受け継がれています。

高速力学研究所設立当初、沼知先生は、流体関連研究のワンマン体制を敷いていたと言われています。このようなトップダウンの研究体制で、第二次世界大戦終戦間際に、「ネ20」という日本初のジェットエンジンの開発を数ヶ月でやってのける荒技もこなしています（本書「5.3 日本で最初のジェットエンジン「ネ20」」参照）。

その頃は、沼知先生以外の教員は一兵卒ですが、当時としては珍しく

沼知福三郎教授（1898-1982）の学士院賞受賞記念講演（1950）の模様
沼知先生は、流体機械とその中で水が沸騰するキャビテーション研究の第一人者です。東北大学流体科学研究所の前進である高速力学研究所を1943年に創設し、初代所長を務めました。この写真は、当時のガラス乾板ネガから復元したものです。

講師になると研究室を与えられ、教員が独立して研究を行うことができました。流体科学研究所には、この伝統が今も受け継がれ、旧帝国大学系の研究所としては珍しく、教授を頂点とする研究室というよりも、講師以上の教員の自主性を重んじる風潮があります。このような研究体制が、現在の研究内容や学術成果にも反映されています。

　筆者が助教授（准教授）の頃、教授が研究予算を全て管理する動きがあり、当時の神山新一（かみやましんいち）所長に直訴したことがありました。「意外にも」その訴えは受け入れられ、助教授の研究費の独自性は維持されました。後になって、神山先生も助教授時代に、沼知先生に同様なことで直訴していたことがわかりました。歴史は繰り返されるものです。

　現在、流体科学研究所で、創始者の沼知先生を直接知っている人は、ほとんどいません。時折、先輩の教授が、退官時に沼知先生の思い出を話す程度です（脚注）。沼知天皇と言われたワンマン体制は残っていませんが、流体科学研究所は、研究室間の風通しが良く、国際会議や大型プロジェクトを、所長の指導とチームワークで難なくこなしてしまうのも事実です。

おわりに

　強烈な個性を持った創始者によって作られた組織の伝統は、入社時や入所時の挨拶で、「伝統を大切にして新たに発展していきたいと思います」などという、生やさしいものでありません。創始者の個性は、好むと好まざるとに関わらず、良かろうと悪かろうと、呪縛（じゅばく）のように、私たちに深く刻みつけられているのではないでしょうか。

(2006.11　東北大学出版会創立10周年記念誌　『宙（おおぞら）』掲載)

（脚注）本書出版時点では、筆者が沼知先生を直接知っている唯一の現役教員となりました。

ベクトル——6
未来の科学を担う人材育成

6.1 お袋の味と才能育成
子供の感動が将来を方向づける

　人の能力が発達する発端は、お袋の味を覚える頃に生まれるようです。この時期に、大人が子供の努力や才能を評価することは、将来の人生の方向づけや、大人になってからの人格形成に重要であると思います。

　アメリカの大学教授をしているトルコ人の知人は、時々ふるさとに帰り、地元のお菓子を食べることを楽しみにしていました。このお菓子は、私には甘すぎるのですが、彼にとっては少年時代に食べた、いわゆるお袋の味なのです。私たちは、小学校高学年から中学生頃までによく食べた食べ物を、一生好きになるといわれています。

　筆者が科学や技術に興味を持ったのも、ちょうどその頃だったように記憶しています。子供の頃に、テレビで放映していた鉄腕アトムやイギリスのSF人形劇サンダーバードを見て、機械や飛行機に漠然とあこがれたのが、大学で機械工学の研究を行っている始まりのようです。皆さんの中にも、小学生や中学生の頃に興味を持ったことが、大人になってからの職業と何らかの関係を持っている方も多いと思います。スポーツ

トルコの代表的なお菓子バクラバ（Baklava）
（トルコ・バーティン大学 Abid Ustaoglu 助教撮影）
パイ生地に砂糖や蜂蜜のシロップがかけてあり、大変甘いお菓子です。アメリカに住んでいたトルコ人の友人は、トルコのお菓子が懐かしくて、時々母国に帰っていたようです。

でも、9歳から12歳頃が、子供に運動を教えたり、身体を作り上げたりするのに最適な時期だと言われています。

　子供たちは、スポーツや勉強に限らず、いろいろな才能を潜在的に持っています。その才能を見つけて、伸ばす環境を作ることが大事です。筆者が子供の頃、母が給料日になると、毎月一冊ずつ本を選んで買ってくれました。毎月どんな本を買ってくれるのか、楽しみにしていました。その本の知識や考え方が、今になって役に立っています。近所の鍛冶屋さんの仕事を長い間見たり、中学校の理科の先生に叱られたり、褒められたりしたことも、科学や技術に興味を持つきっかけとなっています。

　筆者は、2001年から2004年まで仙台市科学館で、夏休みの宿題審査のお手伝いをしていました。その時出品された小中学生の作品の中には、子供自身のアイデアと努力で、素晴らしいものが出品されていました。それらの中には、親や学校の先生が適切なアドバイスをしたことで、より良い作品になっているものも多く見られました。

(2003.12.29　河北新報　プリズム掲載)

いまでは大人にも子供にも人気のハンバーガーセット（2015.7 撮影）
ハンバーガーは、世界の食べ物として定着しています。下校途中にハンバーガーを食べている中学生や小学生も、多く見られます。現在では、ハンバーガーやコンビニ弁当が、「お袋の味」になっているのかもしれません。ハンバーガー企業では、子供を対象とした宣伝や景品で、「お袋の味」教育をしているようにも見えます。

6.2 ペットボトルロケットは先端科学技術への入り口
ものづくり教育による地域貢献

ペットボトルロケットと地域貢献

　ペットボトルロケットは、ペットボトルに水を入れて、自転車の空気入れで空気を入れると、勢いよく飛んで行きます。子供たちが飛ばしているのを、テレビで時々放映するので、ご存じの方も多いと思います。一見簡単に見えるペットボトルロケットですが、その原理や飛翔性能を正確に予測するのは難しいのです。筆者は、大学のセミナーや授業で、ペットボトルの飛行原理について講義を行っているほどです。

　筆者のグループでは、独自の発射装置を開発しました。それを用いたペットボトルロケット工作実験を、毎年仙台市科学館で開催し、好評を得ています。さらに、出前授業や地域のコミュニティーの依頼で、小学生を対象にしたロケット教室も開催しています。東北大学の研究所が仙台市民に公開している「片平まつり」では、このロケット大会は人気イベントの一つです。

　本節では、このような活動を通した、子供たちの理科教育について述べたいと思います。

ロケット発射台の開発

　筆者が航空宇宙学会のお世話をしていた1994年に、仙台市科学館でペットボトルロケット工作実験が企画されました。この時、流体科学研究所の皆さんの協力で、本格的なロケット発射台を開発しました。その構造は、本物のロケットの発射装置と同様で、ペットボトルの圧力を精密に測定できる装置や、スイッチで空気バルブを動かすメカニズムが付いています。この装置は評判が良く、特にロケット装着時にメカニカルな音がするので、子供たちは本物のロケット発射技師の気分が味わえるようです。

ベクトル6　未来の科学を担う人材育成

　この発射装置は、5人が同時に発射できます^(脚注)。センチメートル単位のロケットの飛行距離を、レーザー測量器で測ります。優秀者を表彰するので、発射の時の緊張感も味わうことができます。

未来の科学技術者に向けて

　ロケットを作って飛ばす前に、ロケットが飛ぶ作用・反作用の原理（本書「4.3 ロケットは物を後ろに投げて宇宙に行く」参照）を子供たちに教えます。内容は易しくしていますが力学の基本法則を教えるので、小学校の先生にも参考になるようです。ただロケットを作るだけと思っていた子

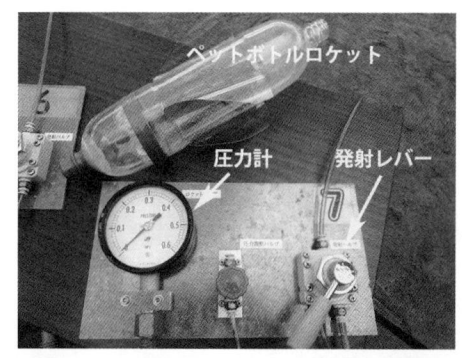

特別設計のロケット発射装置（2007.11, 2010.10 撮影）
空気圧で作動する、特別な発射台を使っています。子供たちは、ロケットに空気を入れて、上図の発射装置を使って自分で発射します。

123

供たちも、だんだん目を輝かせて説明を聞いたり、本物のロケットの映像に見入ったりしてきます。ただし、ロケットの作り方はあまり詳しく教えずに、子供たちの発想で自由なものを作らせるよう努めています。

　この時、子供たちはいろんなことを考えます。羽根の形や取り付け角を考えたり、ロケットの模様を工夫したりします。でも、基本通りに作ったロケットがよく飛ぶので、距離競走で優勝する子供は、あまりロケットに興味を示さず言われたとおりに作った、女の子が多いのです。

　ロケットが好きな子は、自分でいろいろ工夫（多くの場合は改悪）するので、意外と飛びません。ペットボトルに切れ目を入れて羽根を取り付け、ビニールテープで塞いだ子供は、空気を入れると水が漏れるので、泣き出してしまったこともありました。

　子供は成功して表彰されることより、失敗した悔しい思い出の方が一生忘れないと思います。このような、失敗した子供たちの中から、将来の優れた科学者や技術者が育つような気がします。

筆者による授業風景（2011.10）

学生による作用・反作用の説明（2010.12）

守谷技術職員の作り方説明（2011.10）

大学院生の指導でロケット製作（2012.6）

ベクトル6　未来の科学を担う人材育成

　東北大学の学生で、子供の頃に私たちのロケット実験に参加した人がいます。筆者の研究室の卒業生で、実際にロケット開発や衛星の設計に従事している人がいますから、ロケットを作った子供たちの何人かは最先端科学技術を担うことになるのでしょう。ロケット実験の参加者から日本の将来を担う科学者や技術者が生まれてくれば、望外の幸せです。

（2006.『まなびの杜』　No.37　掲載）

（脚注）現在は7連装の発射台を使っています。

子供たちによるペットボトルロケット発射（2009.9）

6.3 学生のグローバル化
機会を与えれば学生は伸びる

　東北大学流体科学研究所では、2004年から毎年仙台で、「流動ダイナミクス」という流体やエネルギーの流れに関する国際会議を開催しています。2008年は、11月に第5回流動ダイナミクスに関する国際会議を、仙台で開催しました。会議には、346名（外国人108名、18カ国）の参加者を数え、学術的な情報交換や国際的な共同研究ネットワークの構築などの議論を行いました^(脚注)。

　この国際会議では、東北大学流体科学研究所と交流実績のある世界の大学から28の学部や研究機関が集まり、研究者・学生交流と今後の共同研究の方策について議論しました。各大学が、キャンパスの美しさや大学の世界ランキングを示しながら、研究紹介を行っているのが印象的で

ポスター前での日本人学生と外国人研究者との討論（2012.9 撮影）
国際的な感覚を身につけると、日本人学生は海外の学生・研究者と同等に討論しています。英語が多少下手でも、研究内容が良ければ、海外の学生以上の発表ができます。

した。大学間の国際共同研究や人の交流を通じたグローバルな競争と協力の関係が、世界の一流大学の条件となってきています。

　この国際会議の中では、海外の学生と日本の学生が協力して運営するセッション（分科会）を設けています。学生が、短い発表とポスター（紙の掲示板）による討論を行います。座長も、学生が担当しています。もちろん発表と討論は、すべて英語です。

　最近の数年間で、この学会に参加する日本人学生の英語による発表能力の向上は、目を見張るものがあります。以前は、緊張しながら原稿をたどたどしく読んでいる学生もいました。今は、自分の言葉で研究内容を、わかりやすく説明しているのです。しかも、発表で決められた時間をきちんと守っています。ポスターでの討論では、物おじせずに外国の研究者と議論を交わしています。参加者の中には、アジア圏から来た学生もいるので、日本語なまりの英語を除けば、どの学生が日本人なのか、ちょっと分からないほどなのです。

　学生に機会が与えられて、海外での研修や国際会議で発表することが当たり前になってくると、彼らの姿勢も国際化してくるようです。学生は先輩の発表を見ているので、それを目指して国際的な視野を持ち始めます。その適応能力とスピードは、若者特有の長所だと思います。まさにグローバル化した国際社会を担う次世代の人材を見ているようで、頼もしくなってきます。これからも若者に種々の機会を与えて、国際社会の一員にとしての自覚と能力を与えることが必要です。この若者たちの活躍を見ていると、日本の未来は明るいのではないでしょうか。

（2008.12.19　日経産業新聞　テクノオンライン掲載）

（脚注）現在（2015年）でも、この会議は開催されており、700名ほどの国内外の参加者が毎年仙台に集います。

6.4 2020年の技術者教育像
日米での人材育成は基本的に同じ

　2009年7月にアメリカ機械学会の会議（サンフランシスコ）で、米国の重工業（ジェネラル・エレクトリック（GE）社）の副社長、デバイス会社（インテル社）副社長、有力大学の副学長（イリノイ大学とカリフォルニア工科大学）が出席して、2020年の技術者教育は如何にあるべきかについてパネル討論が開催されました。

　デバイス会社副社長は、これまでの技術者は技術的な課題の克服には成功してきたと説明しました。さらに、これからの技術者がイノベーションを成し遂げるには、情報を発信し理解しあうコミュニケーション能力が大事であると述べました。現在では、個々の知識はインターネッ

東北大学ホームカミングデー　卒業生と在校生の親睦会（2014.10 撮影）
東北大学では、卒業生と在校生が共に過ごすホームカミングデーを開催しています。そこでは、東北大学を卒業した社会人が、在校生に企業での生活などを説明します。その後、懇親会でより親密な情報交換を行っています。

トで検索すれば得られるので、物事を暗記するのではなく、問題解決の方法を学ぶことが必要だと指摘しました。

　重工業の副社長は、技術を極め技術課題を克服する人材が必要だと主張しました。どの技術を極めるかは重要ではなく、課題克服のためにはイマジネーションが必要。技術を極めた人材が、管理や経営を習得することはさほど困難ではないと述べました。

　有力大学の二人の副学長は、異なる文化を理解する人材育成が重要と考えていました。異なる社会・文化環境に適用でき、コミュニケーションができるグローバルエンジニアの育成を、目指しているとのことでした。技術者としての基本教育と、コミュニケーション教育とのバランスが大事です。また、技術の分野で女性の進出が今後重要となるだろうと、予測していました。パネリストとなった2人の副学長は、共に女性であったことも興味深いです。

　この議論を聞いて、日本の有力企業の方から耳にした、会社の人材育成が思い浮かびました。米国のトップ企業の人材育成は、日本の企業や大学の人材育成の指針と、大きく異なっていないと思われます。大学では、科学・技術の基礎について十分な教育を行うほかに、コミュニケーション能力の向上を図る教育体系に移行しています。筆者の所属する学部では、専門教育を始める2年生から、パワーポイントを使った研究課題発表を行っています。

　世界を牽引する企業は、個々の課題に技術者を挑戦させ、そこで極めたイマジネーションをコミュニケーション能力と結びつけ、次世代のイノベーションを生み出す人材として、育成することになるのでしょう。

(2009.8.21　日経産業新聞　テクノオンライン掲載)

6.5 大学の国際化と国際競争
親睦から生き残りのための交流へ

人気音楽のヒットチャートからレストランを紹介するインターネットサイトまで、世の中はなんでもランキングで評価されます。ご多聞にもれず、大学にもランキングがつけられています。その大学ランキングには、予備校の受験ランキングから高校の先生が推薦するランキングまで、多彩です。いま、大学の世界ランキングが、大学間の国際競争に影響を与えています。

大学の世界ランキングは種々ありますが、タイムス誌やニューズウイーク誌、上海交通大学のランキングが有名です[脚注1]。これらは、学術論文が引用された件数や、大学の国際的知名度、ノーベル賞受賞者数などを、総合的に集計して算出されています。残念ながら、日本の大学

2007年2月にリヨンの市庁舎で開催された、東北大学とリヨンの大学との合同会議
東北大学とリヨンの大学（ECLとINSA de Lyon）との、ジョイントフォーラムが開催されました。会議は由緒あるリヨンの市庁舎で開催され、ヨーロッパ連合（EC）の副大統領も出席しました。

は、どの主要ランキングでも世界トップ10に入っていません。

　筆者は、大学間の国際交流のお手伝いをしていたことがありました。私たちが海外の大学を訪問するとき、相手大学が世界ランキングのどの位置にあるかで、お互いの対応が微妙に違いました。特に、国際交流を担当する大学幹部に、この傾向が強いように感じられます。

　海外の学生は、この世界ランキングに敏感に反応します。学生が留学先を決めるとき、その大学が世界でどの位置にあるかが、留学先を決める要素となっているのです。世界の一流大学は、優秀な学生を世界中からリクルートすることに躍起になっています。米国では、工学系の大学院学生で外国人の占める割合が圧倒的に多いのです(脚注2)。これらの大学院留学生は、最先端の研究を大学の教員の指導のもとで行うことが多いです。留学生が、米国における最先端の科学技術を支えていると言っても、過言ではありません。優秀な学生や研究者を受け入れるためにも、大学の世界ランキングが、重要な要素となっているのです。

　日本の基幹大学も、この世界競争に参画せざるを得ない状況です。少子化社会を迎えて、より良い教育・研究成果を生み出すためには、日本国内の人材だけでは不十分です。これからは、世界から優秀な学生や教員・研究者を集めることが、ますます重要になります。大学の国際的地位を高めるため、日本の大学でも、世界の大学や研究機関と協定を結んだり、海外に事務所を設けたりして、人材交流を積極的に行っています。いまや、大学の国際交流は、親睦を深める交流から「競争と連携」の中での生き残りのための交流へと変革しているのです。

(2007.10.16　日経産業新聞　テクノオンライン掲載)

(脚注1) 世界ランキングを行っている組織は、現在では若干異なります。
(脚注2) 現在では、それらの留学生が米国の大学の教員や研究者となり、最先端科学技術を直接担っています。

6.6 グローバル COE が大学を変えている
大学間の競争に拍車

　文部科学省では、大学院学生の研究教育環境の向上や国際化を目的として、いくつかの研究拠点を選定して人材育成支援をする 21 世紀 COE（center of excellence、卓越した拠点）や、グローバル COE プログラムという事業を行ってきました。

　2008 年 6 月に、グローバル COE プログラムの 2008 年度採択結果が、発表されました。これは、大学院の優れた教育研究拠点の形成に重点的な支援をするもので、プログラム 1 件当たり年平均で 2 億 6 千万円が支給されます。このプログラムの前身である 21 世紀 COE プログラムに比べて、新聞等の報道は、随分地味になっています。しかし、各大学は、この COE 採択に向けて多くの努力をそそぎ、その結果に一喜一憂しています。COE プログラムが大学に与えた影響は、著しいものがあります。

　COE プログラムは、審査基準が事前に公表され、ある意味で公正な競争によって、研究教育の実績が評価されました。プログラム採択の可

グローバル COE 国際セッションの写真（2012.11 撮影）
東北大学流体科学研究所が、世界の主要大学で運営しているリエゾンオフィス（海外連携オフィス）の代表者を招いて、国際的な人材育成と研究協力について議論しています。

否と採択数が、大学自身の研究教育能力を示すバロメータともなっています。つまり、このCOE拠点の獲得数が大学のランキングにも関係し、このような大型教育研究プロジェクト採択が、学長を中心とした大学自体の評価に繋がるからなのです。

　これまでの大型研究プロジェクトは、大学関係者個人またはグループで申請していました。しかし、COEプログラムの審査基準の中には、大学全体の将来構想に対する位置づけや、学長のリーダーシップが問われています。最終ヒアリングでは、個々のプロジェクト内容説明の前に、学長自らの説明が要求されます。

　国立大学は、2004年に法人化されてから、国内・国外の他大学との競争にさらされています。国から支給される運営費交付金だけでなく、COEプログラムのような、政府からの競争的研究教育資金や、民間企業との共同研究費が、大学運営に重要な役割を果たしています。外部資金の獲得が、大学教員評価の対象となってきています。大学の法人化後は、国立大学の教員も積極的に民間企業等との共同研究を行おうとしています。

　このことは、企業や他の研究機関にとっても、良い機会ではないでしょうか。以前は、海外の大学との共同研究や委託研究に熱心だった企業も、国内大学との連携を強めて、大学の知識と能力を有効に活用する好機です。

（2008.6.27　日経産業新聞　テクノオンライン掲載）

6.7 ありがとうございました

　東北大学は、創立100周年の記念行事の一環として、2005年から2007年にかけて、市民や卒業生に向けた講演会を東京や仙台で開催していました。筆者は、その講演会の企画運営をお手伝いしました。

　講演会の打ち合わせをしているとき、参加した観客には「いらっしゃいませ」と「ありがとうございました」と言うのが当たり前だとアルバイトの大学院学生から指摘されて、あらためて気がつきました。大学の先生や職員は、これらの言葉を言うのが苦手なのです。しかし、講演会では皆で、「いらっしゃいませ」と言うことにしました。

　内容の充実した講演会の後で、「いらっしゃいませ」で出迎えた観客に「ありがとうございました」と言うと、観客は満足した反応を返してくれます。聴衆に満足いただけない講演の後では、「すみませんでした」と言う場合もありました。

　この挨拶をしながら、誰のために大学の業務を行っているのだろうかと、自問することが多くなりました。大学の講演会は無料なので、参加者は厳密な意味での「お客様」ではありません。しかし、大学は、社会を対象とした講演会を通して、知識と文化とを提供しています。学生教育では、人材の育成と社会への輩出というサービスを大学が提供し、学費や税金をいただいているのです。

　大学の教職員が「いらっしゃいませ」を言いにくいのは、自分や自分の組織のためだけに仕事をしているという、驕りがあるからではないでしょうか。研究教育を行っている対象は誰なのだろうか、充実した生活や仕事ができる環境は誰によって与えられるのだろうか、と考えると、仕事の仕方や意識も変わってくるような気がします。同様に、顧客や社会のことを顧みず、自社のみを考えた企業活動は、長い目で見ると社会に受け入れられないのではないでしょうか。

1983年にニュージーランドの国際会議に出席したとき、若者がバスの運転手さんに"Thank you sir"（目上の人にお礼を述べる言い方）と言うのを聞いて、驚きました。イギリス本国でも、この言葉は一般社会でほとんど使われていませんでした。当時、筆者も、バスの運転手さんに「ありがとう」といった記憶はほとんどありませんでした^(脚注)。

こんなことが契機となり、バスを降りるとき「どうもありがとうございました」と、運転手さんにいう努力をしています。でも、乱暴な運転や無愛想な応対をする運転手には、無言で降りてしまいます。良いサービスを受けた相手に「ありがとうございました」と言うのは、こちらも気持ちが良いものです。

（2011.2.8　日経産業新聞　テクノオンライン掲載）

（脚注）いま、中学生や高校生が、時々バスの運転手さんに「ありがとうございます」と言っているのを見て、嬉しくなります。

どうもありがとうございました

あとがき

　地動説を唱えたコペルニクスの著書「天球の回転について」は著者の死後1542年に出版されました。しかし、この本は、コペルニクスが心配したほどは社会に影響を与えなかったようです。一方、1632年に「天文対話」を出版したガリレオ・ガリレイは、教会を冒涜するものとして宗教裁判にかけられることになります。同じ地動説を唱えた二つの本の社会的影響が大きく異なったのはなぜでしょうか。

　コペルニクスの本は、科学者を対象としてラテン語で書かれており、読者は科学者がほとんどでした。しかし、ガリレイの著書は、イタリア語で書かれ、一般の大衆が理解できるように、地動説と天動説を比較する対話形式となっています。つまり、本のわかりやすさと一般社会への影響が、ガリレイを窮地におとしいれた、と考えられなくもありません。ガリレイの「天文対話」は、当時の知識階級に対して書かれているので、これを読みこなすにはそれ相応の学力が必要で、本の内容も当時として高度な議論がされています。

　筆者は、熱工学や流体工学に関する学術論文や教科書を執筆してきました。しかし、学術コミュニティだけでなく、広く一般社会に熱科学を理解してもらうことも、重要だと考えていました。ガリレイの著書には遠く及びませんが、本書は、身の回りの熱現象と熱やエネルギーとの関係をわかりやすく述べつつ、一般に言われているマスコミや政府の視点とは若干異なったエネルギーや環境問題等の提言も述べています。しかし、科学的な知見から述べられた予測や提言は、地動説のようにいずれ受け入れられ、将来役に立つものがあるかもしれません。

　本書では、身近な熱現象のお話で、皆さんが熱とエネルギーを理解してから、私たちが直面しているエネルギーや環境問題について記述しました。また、原子力発電所事故の熱問題と安全に関わる提言や、熱科学

に関連した歴史的なお話、科学に関する豆知識にも触れています。これからの科学の発展に欠かせない、若者の育成についても考えてみました。

本書は、筆者がこれまで執筆してきたもの、特に河北新報「プリズム」（2003年9月〜12月）と日経産業新聞「テクノオンライン」（2007年7月〜2015年）に連載されてきたコラム記事等を中心に編纂（へんさん）しました。基本的にはそれらの掲載記事と内容は同じとしていますが、書籍化にあたって、タイトルや、脚注、説明などに手を加えたところがあることをお断りしておきます。これらのコラム掲載当時に予想していたことが、後日現実になったことが多くありました。これからも、本書の提言や予想のいくつかは、現実となるかもしれません。

本書は、筆者が熱科学の研究と教育に携わってきた過程で、学んだ事柄をまとめたものです。知識は、長い歴史から私たちが学んできたものです。本書の知識やアイデアは、先輩諸氏から学んだものも多いのです。これらの方々に心から感謝します。特に、東北大学の熱科学の大先輩である抜山四郎先生の著書『心象歩道（1969年）』、『切れない包丁（1972年）』、『冷えた湯たんぽ（1975年）』（いずれも開発社から出版）や、筆者が教員となってから熱科学のご指導をいただいた相原利雄先生の著書『プロメテウスの贈りもの（2002年）』、『エスプレッソ伝熱工学（2009年）』（いずれも裳華房から出版）が、少なからず本書出版に影響を与えています。

本書執筆に当たり、多くの方々の協力を頂きました。本書の図や写真の作成、さらに内容の実証実験の多くは、研究室の学生諸君や職員にお願いしました。特に、東北大学流体科学研究所技術職員の守谷修一氏には、図の作成や実験の実施に多大なご支援を頂きました。文章のチェックには、研究室の秘書さんたちや教員にお手伝いを頂きました。特に、本書の校正と編集には、コピーオフィスCP主宰　田邊いづみ氏の多大なご助力とご助言を頂きました。ここに記して感謝申し上げます。

―著者紹介―

圓山　翠陵
まるやま　すいりょう

1954 年新潟に生まれる（本名＝圓山重直）
しげなお

学　歴
1977 年　東北大学工学部卒業
1979 年　ロンドン大学インペリアルカレッジ航空工学科修士課程　修了
　　　　（Master of Science）
1980 年　東北大学　大学院工学研究科　修士課程修了
1983 年　東北大学　大学院工学研究科　博士課程修了（工学博士）

職　歴
1983 年　東北大学 高速力学研究所　助手
1988 年　米国パデュー大学　客員研究員
1989 年　東北大学　流体科学研究所　助教授
1997 年　東北大学　流体科学研究所　教授
2015 年　東北大学　ディスティングイッシュトプロフェッサー
2017 年　八戸工業高等専門学校　校長

受　賞
日本機械学会賞　奨励賞（1989 年）
日本伝熱学会賞　学術賞（1998 年）
日本機会学会賞　論文賞（1999 年，2012 年）
科学計測振興会賞（1999 年）
日本機械学会熱工学部門 業績賞（2001 年）
日本伝熱学会賞　技術賞（2002 年）
紫綬褒章（2012 年）
エルゼビア研究ビデオ賞（2015 年）　他

専門分野：熱工学、伝熱制御工学、流体工学

著書等
JSME テキストシリーズ『熱力学』、丸善（2002）、共著、主査
光エネルギー工学、養賢堂（2004）、単著
JSME テキストシリーズ『伝熱工学』、丸善（2005）、共著、主査
小説 FUKUSHIMA、養賢堂（2012）、単著　他

学術論文
200 編以上

みんなの熱科学
──10分でわかる熱とエネルギーの話──

Thermal Science for Everyone
──Understanding Heat and Energy in 10 Minutes──

©Suiryo Maruyama 2016

2016年3月25日　第1刷発行
2020年2月25日　第2刷発行

著　者	圓山 翠陵
発行者	関内 隆
発行所	東北大学出版会
	〒980-8577　仙台市青葉区片平2-1-1
	TEL：022-214-2777　FAX：022-214-2778
	http//www.tups.jp　E-mail：info@tups.jp
装　幀	シンカクリエイション
	コピーオフィスCP
印　刷	社会福祉法人　共生福祉会
	萩の郷福祉工場
	〒982-0804　仙台市太白区鈎取御堂平38
	TEL：022-244-0117　FAX：022-244-7104

ISBN978-4-86163-272-3
定価はカバーに表示してあります。
乱丁、落丁はおとりかえします。

JCOPY <出版者著作権管理機構 委託出版物>

本書の無断複製は著作権法上での例外を除き禁じられています。複製される場合は、そのつど事前に、出版者著作権管理機構（電話 03-3513-6969、FAX 03-3513-6979、e-mail: info@jcopy.or.jp）の許諾を得てください。